DIE DREIECKSNATTER
LAMPROPELTIS TRIANGULUM

Dieter Schmidt

Wie alle Dreiecksnattern klettert auch die Puebla-Dreiecksnatter gern.
Foto: B. Love/Blue Chameleon Ventures

Inhalt

Bildnachweis:
Titelbild: *Lampropeltis triangulum sinaloe* Foto: D. Schmidt
Kleines Bild: Scharlachrote Dreiecksnatter (*Lampropeltis triangulum elapsoides*)
Foto: B. Love/Blue Chameleon Ventures
Seite 1: *Lampropeltis triangulum sinaloe* Foto: D. Schmidt
Seite 2: *Lampropeltis campbelli* Foto: B. Love/Blue Chameleon Ventures

2. Auflage 2010

ISBN 978-937285-69-6

An der Kleimannbrücke 39/41
48157 Münster
www.ms-verlag.de

Geschäftsführung: Matthias Schmidt
Lektorat: Heiko Werning & Kriton Kunz
Layout: Sibylle Manthey
Druck: Druckhaus Fromm, Osnabrück

Vorwort

WOHL kaum eine andere der etwa 465 Schlangengattungen auf unserem Erdball hat bei Zoologen, in der Bevölkerung ihres Verbreitungsgebietes, bei den an der Schlangenhaltung interessierten Terrarianern und nicht zuletzt bei aufgeschlossenen Naturfreunden so viel Interesse ausgelöst wie die Königsnattern der Gattung *Lampropeltis* aus der Neuen Welt. Sicher erregt die faszinierende Färbung der meisten Arten und Unterarten die erste Aufmerksamkeit. Die auffällige, charakteristische rote, schwarze und gelb/weiße Ringelung wird in Anlehnung an die Zeichnung der als Korallenschlangen zusammengefassten Giftnattern der Gattungen *Micrurus* und *Micruroides* „Korallentracht" genannt. Besonders Verhaltensforscher beschäftigt die Frage nach der Warn- und Tarnwirkung. Die Einheimischen können anhand der Farbfolgen sehr wohl die harmlosen Nattern von den giftigen Korallenottern unterscheiden. Die Neigung der *Lampropeltis*-Arten, auch Schlangen zu erbeuten, darunter die in ihrer Heimat allzeit gefürchteten Klapperschlangen, hat ihnen den ehrfurchtsvollen Namen Königsnattern („kingsnakes") eingebracht. Aber auch Aberglauben spielt eine Rolle: So sollen die Vertreter der *Lampropeltis-triangulum*-Gruppe auf den Weiden den Kühen Milch aus dem Euter saugen und erhielten deshalb den Namen „milksnakes" (= Milchschlangen). Zur Vereinfachung des Namensgewirrs der acht Arten der Gattung *Lampropeltis* wähle ich folgende Benennung: Die hier vorgestellte, in 25 Unterarten aufgeteilte Art *L. triangulum* wird in Anlehnung an ihren wissenschaftlichen Namen als Komplex der „Dreiecksnattern" angesprochen. „Kettennattern" heißen die schwarz-weißen Vertreter der Art *L. getula* mit ihrer unvollständigen Korallentracht. Die deutschen Namen der sechs übrigen Gattungsvertreter dagegen enthalten sämtlich das Element „-Königsnatter".

Wegen der hervorstechenden Färbung, ihrer interessanten Verhaltensweisen und nicht zuletzt der relativ anspruchslosen Haltung und Vermehrung in menschlicher Obhut avancierten Dreiecksnattern bei Terrarianern zu besonders gefragten Pfleglingen, die

Eine der farbenprächtigen Dreiecksnattern – hier die Unterart *Lampropeltis triangulum sinaloae*. Foto: D. Schmidt

noch vor wenigen Jahren für horrende Summen gehandelt wurden. Glücklicherweise sind heute schon viele dieser Schlangen zu erschwinglichen Preisen erhältlich und finden eine immer größere Verbreitung in den Terrarien. Sogar erste Farbvarianten wurden bereits gezüchtet.

Mit diesem Bändchen möchte ich Einsteigern und Fortgeschrittenen unter den Schlangenfreunden bei der Haltung, Pflege und Vermehrung der Dreiecksnattern hilfreiche Informationen über meine eigenen Erfahrungen mit diesen Tieren geben und dazu beitragen, alte Fehler nicht zu wiederholen.

Dieter Schmidt

Bernau, im Frühjahr 2006

Zur Biologie der Dreiecksnattern

DIE Dreiecksnatter ist eine der am weitesten verbreiteten Schlangen Amerikas: Vom 48. Grad nördlicher Breite in Kanada bis nahe 4° südlicher Breite in Ecuador bei einer größten Ost-West-Verbreitung in den USA von fast 3.000 km, von Meeresspiegelhöhe bis in Gebirgslagen von über 2.700 m in Mexiko

Verbreitung der Unterarten der Dreiecksnatter (*Lampropeltis triangulum*) – nördlicher Teil

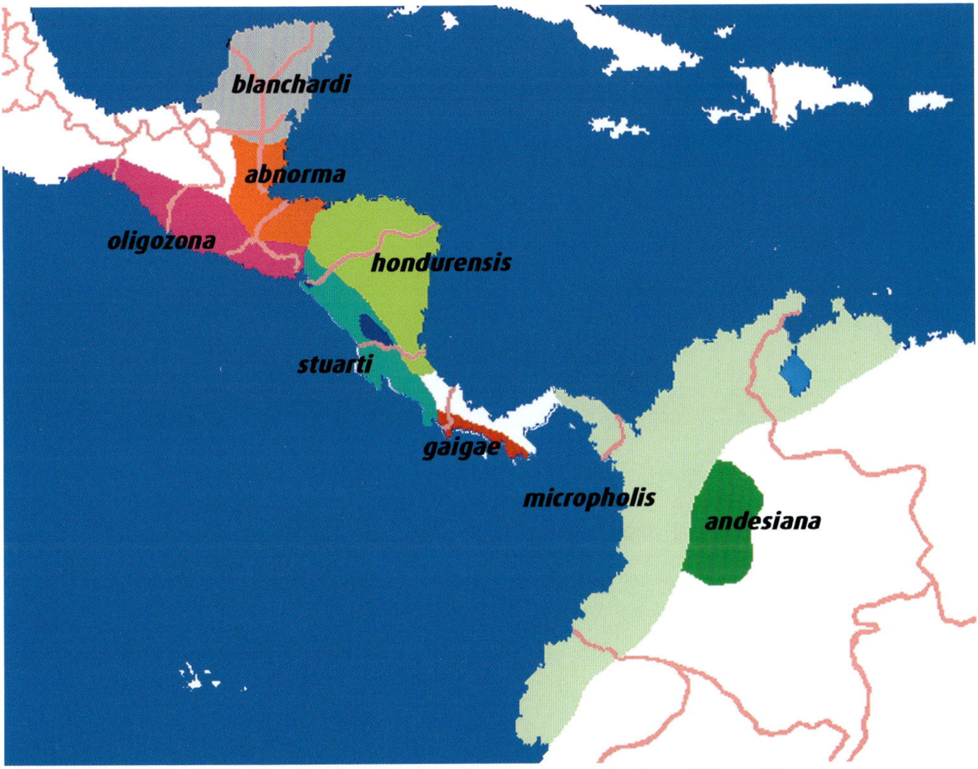

Verbreitung der Unterarten der Dreiecksnatter (*Lampropeltis triangulum*) – südlicher Teil

erstreckt sich ihr Verbreitungsgebiet. Wie fossile Funde beweisen, gab es Dreiecksnattern in Amerika bereits vor etwa zehn Millionen Jahren im späten Miozän.

Die Dreiecksnatter ist in den unterschiedlichsten **Lebensräumen** zu Hause: Diese reichen von Wüstengebieten bis zum tropischen Regenwald, von Flussniederungen über Kiefernwälder bis zu felsigen Gebirgsregionen und sogar bis in die Nähe menschlicher Siedlungen. In der Natur führt die Dreiecksnatter ein heimliches Leben und ist selten offen zu sehen. Die Tiere verbergen sich tagsüber unter Steinen, gefällten Baumstämmen, unter Baumrinde und alten Baumstümpfen. In den nördlichen Teilen ihres Verbreitungsgebietes ist die Dreiecksnatter von Ende März/April bis Oktober/November aktiv. Aber schon in Florida kann sie, vor allem in Jahren mit einem relativ milden Winter, ganzjährig mobil sein und braucht keine Winterru-

Tabelle 1: Arten der Gattung *Lampropeltis* (Königsnattern)		
wissenschaftlicher Name	**deutscher Name**	**Anzahl Unterarten**
L. alterna	Graugebänderte Königsnatter	2
L. calligaster	Präriekönigsnatter	3
L. extenatum	Kurzschwanzkönigsnatter	1
L. getula	Kettennatter	10
L. mexicana	Mexikanische Königsnatter	4
L. pyromelana	Arizonakönigsnatter	3
L. ruthveni	Ruthvens Königsnatter	1
L. webbi	Webbs Königsnatter	1
L. triangulum	Dreiecksnatter	25
L. zonata	Bergkönigsnatter	7

he einzulegen. Andererseits dürften Tiere aus Höhenlagen auch in Mittelamerika während der Wintermonate ruhen. Dreiecksnattern sind vorwiegend nachtaktiv; insbesondere im Frühjahr können sie jedoch auch tagsüber aktiv sein.

Dreiecksnattern sind in **Färbung und Zeichnung** äußerst variabel. Eine umfassende Diagnose von *Lampropeltis triangulum* ist kaum möglich. Die Rückenzeichnung besteht entweder aus einer Kombination von grauen, braunen oder roten Flecken oder roten,

Andere Lampropeltis-Arten zeigen große Ähnlichkeit mit den Dreiecksnattern (hier: Arizona-Bergkönigsnatter, *Lampropeltis pyromelana pyromelana*). Foto: D. Schmidt

schwarzen und gelben oder weißen Sattelflecken oder Ringen. Die weißen bis gelben Ringe zählen (meist) weniger als 30 und sind häufig am Ansatz der Bauchschilde verbreitert. Wenn die Schnauze einer Unterart schwarz gefärbt ist, sind die hellen Ringe selten rein weiß. Aufgrund der großen Variabilität der Zeichnung kann man nicht erwarten, selbst deutlich gezeichnete Exemplare bis auf Unterartniveau zu bestimmen, vor allem auch dann nicht, wenn die Herkunft unbekannt ist (Markel 1994). Während *L. webbi* aus Mexiko (Durango/Sinaloa) 2005 neu beschrieben wurde, ist *L. extenatum* aus den USA (Florida) 2009 aus der Gattung *Stilosoma* übernommen worden. Die *L.-getula*-Unterart *californiae* wird neuerdings auch als eigene Art angesehen. Die Ähnlichkeit vieler *Lampropeltis*-Arten und anderer mehrheitlich harmloser Nattern aus den Gattungen *Erythrolamprus*, *Cemophora*, *Rhinocheilus* und *Simophis* mit den giftigen

Eine Ruthvens Königsnatter (*Lampropeltis ruthveni*) verzehrt eine junge Maus. Foto: D. Schmidt

Durango-Königsnatter (*Lampropeltis mexicana greeri*) aus höheren Lagen des mexikanischen Bundesstaates Durango. Foto: D. Schmidt

Tabelle 2: Unterarten der Dreiecksnatter *(Lampropeltis triangulum)*

wissenschaftlicher Name, Autor	deutscher Name
L. t. abnorma (BOCOURT, 1886)	Guatemala-Dreiecksnatter
L. t. amaura (COPE, 1861)	Louisiana-Dreiecksnatter
L. t. andesiana WILLIAMS, 1978	Anden-Dreiecksnatter
L. t. annulata (KENNICOTT, 1861)	Mexikanische Dreiecksnatter
L. t. arcifera (WERNER, 1903)	Jalisco-Dreiecksnatter
L. t. blanchardi STUART, 1935	Blanchards Dreiecksnatter
L. t. campbelli QUINN, 1983	Puebla-Dreiecksnatter
L. t. celaenops STEJNEGER, 1903	New-Mexico-Dreiecksnatter
L. t. conanti WILLIAMS, 1978	Conants Dreiecksnatter
L. t. dixoni QUINN, 1983	Dixons Dreiecksnatter
L. t. elapsoides (HOLBROOK, 1838)	Scharlachrote Dreiecksnatter
L. t. gaigae DUNN, 1937	Schwarze Dreiecksnatter
L. t. gentilis (BAIRD & GIRARD, 1853)	Central-Plains-Dreiecksnatter
L. t. hondurensis WILLIAMS, 1978	Honduras-Dreiecksnatter
L. t. micropholis (COPE, 1860)	Ecuador-Dreiecksnatter
L. t. multistrata *) (KENNICOTT, 1861)	Helle Dreiecksnatter
L. t. nelsoni BLANCHARD, 1920	Nelsons Dreiecksnatter
L. t. oligozona (BOCOURT, 1886)	Pazifik-Dreiecksnatter
L. t. polyzona (COPE, 1861)	Atlantik-Dreiecksnatter
L. t. sinaloae WILLIAMS, 1978	Sinaloa-Dreiecksnatter
L. t. smithi WILLIAMS, 1978	Smiths Dreiecksnatter
L. t. stuarti WILLIAMS, 1978	Stuarts Dreiecksnatter
L. t. syspila (COPE, 1889)	Rote Dreiecksnatter
L. t. taylori TANNER & LOOMIS, 1957	Utah-Dreiecksnatter
L. t. triangulum (LACÉPÈDE, 1789)	Östliche Dreiecksnatter

*) mitunter auch *multistriata*

„echten“ Korallenottern Amerikas (*Micrurus*, *Micruroides*) hat unterschiedliche Theorien über die Funktion dieser auffälligen Färbung angeregt. Ahmen die harmlosen Nattern die Giftnattern nach, um so vor Feinden besser geschützt zu sein? Das würde

Anden-Dreiecksnatter (*Lampropeltis triangulum andesiana*) Foto: T. Schmidt

u. a. voraussetzen, dass diese Arten im selben Lebensraum vorkommen. Das ist beispielsweise der Fall bei den Unterarten *L. t. elapsoides*, *amaura*, *gentilis* und *annulata*, die von ihrer Ähnlichkeit mit *Micrurus fulvius*, der giftigen Harlekinkorallenotter, profitieren können (Bauchot 1994). Sicher ist, dass die Farbenpracht generell abschreckend auf Feinde wirkt und sie im Spiel von Licht und Schatten den am Boden lebenden Schlangen sogar Tarnung bietet. Und selbst nachts lösen die hellen Markierungen den Körperumriss der Tiere auf.

Der Kopf der Dreiecksnatter ist nur wenig vom Hals abgesetzt. Die erreichbare Gesamtlänge variiert sehr nach der jeweiligen Unterart. Die längsten Exemplare maßen bei *L. t. elapsoides* rund 70 cm,

Auch andere Schlangen versuchen mit ihrer Korallentracht die Korallenottern nachzuahmen. Hier eine Scharlachnatter (*Cemophora coccinae*) aus dem Lee Co, Florida.
Foto: B. Love/Blue Chameleon Ventures

während ein Tier der Unterart *L. t. micropholis* auf 183 cm heranwuchs. Nachstehende Aufstellung zur groben Unterscheidung der Unterarten gibt auch Hinweise zu deren Lebensraum und die Zweckmäßigkeit einer kühlen Winterruhe bei Terrarienhaltung (nach MARKEL 1994 sowie THISSEN & HANSEN 1996).

WUSSTEN SIE SCHON?
Die Schlangen der Gattung *Lampropeltis* werden von einigen Systematikern neuerdings auch zu einer eigenen Unterfamilie der Nattern gezählt, den Lampropeltinae. Andere wieder fassen aufgrund genetischer Untersuchungen innerhalb der Unterfamilie Colubrinae die Gattung *Lampropeltis* mit den Gattungen *Arizona*, *Bogertophis*, *Cemophora*, *Pantherophis*, *Pituophis*, *Pseudelaphe*, *Rhinocheilus* und *Senticolis*, mitunter auch noch *Stilosoma*, zum Tribus (Gattungsgruppe) Lampropeltini zusammen.

Die Dreiecksnatter wurde erstmalig vom Begründer der modernen Systematik mit ihren wissenschaftlichen zweiteiligen Tier- und Pflanzennamen (binäre Nomenklatur), Carl von LINNÈ, als *Coluber doliatus* erwähnt. 1789 beschrieb sie dann der französische Zoologe Bernard LACÉPÈDE als *Coluber triangulum*. Heute heißt sie *Lampropeltis triangulum*. Von den zurzeit anerkannten 25 Unterarten wurden bei Revisionen der Art erst 1978 durch WILLIAMS

Die Östliche Dreiecksnatter (*Lampropeltis triangulum triangulum*) wird leider nur selten im Terrarium gepflegt. Foto: B. Love/Blue Chameleon Ventures

Lebensraum von *Lampropeltis triangulum annulata* in der Nähe von Freer, Texas
Foto: B. Love/Blue Chameleon Ventures

sechs neue Unterarten sowie 1983 von Quinn zwei weitere beschrieben (s. Tabelle 2). Viele Herpetologen sind jedoch der Meinung, dass insbesondere die mittelamerikanischen Formen lediglich Populationen mit bestimmten Variationen seien. In den Grenzgebieten der Verbreitung der einzelnen Unterarten sind natürliche

Mexikanische Dreiecksnatter (*Lampropeltis triangulum annulata*) Foto: L. Trutnau

Tabelle 3: Näheres über die Unterarten der Dreiecksnatter

Unterarten *Lampropeltis triangulum*	Rückenseite	Zeichnung Bauchseite
abnorma	20–31 (Mittel 25) rote Ringe, so breit wie die schwarz-weißen	geschlossene Ringe
amaura	13–25 rote Ringe oder Sattelflecke	gelblich, z. T. schwarze und rote Bänder
andesiana	24–37 (31) rote Ringe, gleich breit wie die schwarz-weißen	alle Ringe geschlossen, weiße mit schwarzen Einschlüssen
annulata	14–20 (17) rote Ringe, etwas breiter als die schwarz-gelb-schwarzen	weitgehend schwarz mit roten und gelben Einschlüssen
arcifera	14–31 (22) Ringe (rot - schwarz - weiß - schwarz)	Ringe mit schwarzen Flecken
blanchardi	14–20 (17) rote Ringe, so breit wie die schwarz-weiß-schwarzen zusammen	schwarz-weiße Ringe geschlossen
campbelli	14–22 (16) rote und orange-schwarze Ringe, etwa gleich breit	nur etwa die Hälfte der roten Ringe geschlossen
celaenops	17–25 (22) rote Sattelflecken, gleich breit wie schwarz-weiße Elemente	weiße Bänder verbreitert, rote Ringe nicht durchgehend
conanti	10–20 (16) rote Bänder, breiter als schwarz-weiße Ringe	alle Ringe geschlossen
dixoni	20–22 rote Bänder, mitunter schwarz unterbrochen	rote Bänder umrunden Körper nicht
elapsoides	12–22 (16) leuchtend rote Bänder, mitunter schwarz unterbrochen	meist alle Bänder geschlossen, weiß verbreitert
gaigeae	schwarz, nur andeutungsweise 17–22 (20) rote Ringe; Jungtiere dreifarbig geringelt	schwarz
gentilis	20–32 (26) rote Ringe, so breit wie schwarz-weiße	rote Ringe schwarz unterbrochen

Kopf	Schnauze	Maximale Gesamtlänge [cm]	Lebensraum	Winterruhe
schwarz	dunkel mit hellem Band	165	meist dichte Wälder	ja
schwarz	meist rot	> 80	Tiefland, Sümpfe, Hügelland	ja
zwischen Augen schwarz	weiß	145	tropische Küstenregion bis feuchteres Bergland	möglich
schwarz	schwarz	76	Halbwüsten bis 1200 m ü. NN	ja
schwarz	schwarz, selten weiße Flecken	89 (107?)	tropisches Gras- und Buschland, Wälder bis 3500 m ü. NN	möglich
schwarz	schwarz	106	Laubwälder, Regenwälder	nein
schwarz	schwarz mit weißer „U"-Zeichnung	91	Trockengebiete in 1500–1700 m ü. NN	ja
schwarz	schwarz/weiß marmoriert	63	Grasland, Wacholder-Pinien-Bestände, Eichenwälder bis 2100 m ü. NN	ja
schwarz	schwarz	117	tropisches Tiefland in Küstennähe, auch Kiefern- und Laubwälder	möglich
schwarz	schwarz	107	Täler im Hochland	möglich
rot	rot	> 70	Kiefern- und Mischwälder	ja
schwarz	schwarz	158	feuchte Wälder in meist höheren Lagen (bis 2200 m ü. NN)	möglich
schwarz	schwarz- weiß marmoriert	91	Prärien, Kiefern- und Laubwälder	ja

Tabelle 3: Näheres über die Unterarten der Dreiecksnatter

Unterarten *Lampropeltis triangulum*	**Rückenseite**	**Zeichnung Bauchseite**
hondurensis	13–26 (17) rote (mandarinenfarbene) Ringe, manche Tiere sehr dunkel	alle Ringe geschlossen
micropholis	10–18 (14) rote Ringe, so breit wie die schwarz-weißen zusammen	alle Ringe geschlossen, rote mit schwarzen Einschlüssen
multistrata	22–32 (27) orange Zeichnungselemente, oft nur Sattelflecken	cremefarben, nur verstreute schwarze Flecke
nelsoni	13–18 (16) rote Ringe, alle Ringe vollständig	alle Ringe geschlossen
oligozona	10–16 (13) rote Ringe, so breit wie schwarz-weiße Elemente	schwarze Ringe geschlossen, weiß statt rot
polyzona	16–22 (19) rote Bänder, breiter als schwarz-weiße Elemente	rote Bänderung, weiße und schwarze Bänder verschmelzen
sinaloae	10–16 (13) rote Bänder, mehr als doppelt so breit wie die schwarz-weißen	alle Ringe geschlossen, rote jedoch hier mit schwarzen Einschlüssen
smithi	19–30 (25) rote Bänder, schmaler als schwarz-weiße Elemente	alle Ringe geschlossen
stuarti	19–28 (23) schmale rote Bänder, schwarze Ringe am breitesten	alle Ringe geschlossen, einzelne andersfarbige Einschlüsse
syspila	16–31 (23) rote Sattelflecken mit schwarzer Umrandung auf weißem Untergrund	schwarz-weiß gewürfelt
taylori	23–34 (29) rote, schwarz umrandete Sattelflecken auf hellem Grund	hell mit schwarzen Flecken
triangulum	26–54 (37) lohbraune, schwarz umrandete Sattelflecken auf hellem Untergrund	unregelmäßig schwarz-weiß gewürfelt

Kopf	Schnauze	Maximale Gesamtlänge [cm]	Lebensraum	Winterruhe
zwischen Augen schwarz	gelbes Band	122	verschiedene Lebensräume in niederen Lagen (bis 150 m ü. NN)	ja
schwarz	schwarz und weiß	183	Küstengebiete, niedriges Bergland, Regenwälder	nein
schwarz	orange mit schwarz	85	Hochebenen	ja
schwarz	weiß	107	tropische Regenwälder auch regenarme Küstengebiete	möglich
schwarz	schwarz mit mit gelben Flecken	152	tropische Regenwälder, Hügelland bis 500 m Höhe	nein
schwarz	schwarz mit weißem Band	152	tropische Regenwälder in Küstennähe, auch bis fast 2000 m ü. NN	möglich
schwarz	schwarz mit weißen Flecken	122	Küstentiefland unterhalb 1000 m ü. NN; auch Kulturland	ja
schwarz	schwarz/weiß	114	tropische Trockenwälder und Küstenebenen	nein
schwarz	schwarz mit weißem „V“	117	tropische Trockenwälder und Küstengebiete	möglich
rot - schwarz - weiß	rot	102	mit Gras bestandenes, auch felsiges Hügelland	ja
schwarz	meist völlig schwarz	76	Kiefern- und Eichenwälder mit Wacholderbeständen	ja
dunkel umrandetes „V“ oder „Y“	lohbraun	152	felsiges, bewaldetes Hügelland, Prärien, Kulturland, Sümpfe, Uferbereiche (auch am Meer)	ja

WUSSTEN SIE SCHON?
Die Gattung *Lampropeltis* umfasst zehn Arten mit etwa 57 Unterarten. Davon gehören allein 25 Unterarten zur Dreiecksnatter (*L. triangulum*) (s. Tabelle 1 und 2).

Kreuzungen nicht selten. Und erbliche Farbveränderungen (Farbmutationen) werden bei den Unterarten *triangulum*, *hondurensis*, *nelsoni* sowie *polyzona* mittlerweile auch züchterisch weiter bearbeitet. Es handelt sich dabei vorwiegend um melanistische (mit mehr Schwarzanteil versehende) Exemplare sowie Tiere, denen schwarzes oder rotes Pigment fehlt (amelanistisch/anerythristisch).

Puebla-Dreiecksnatter (*Lampropeltis triangulum campbelli*) Foto: D. Schmidt

Zu fürchten haben Dreiecksnattern in der Natur neben anderen Schlangen fressenden Schlangen eine ganze Reihe von Fressfeinden. Dazu zählen neben Ochsenfröschen, Spottdrosseln, Falken und Eulen vor allem verschiedene Säugetiere (Waschbären, Kojoten, Füchse, Skunks, Wiesel und Opossums). Viele Exemplare finden auf den Straßen den Tod. Die Verteidigungsmöglichkeiten der Dreiecksnattern sind recht dürftig: Schwanzrasseln, Ausscheiden von Duftstoffen und Kot oder gar nur das Verstecken des Kopfes unter Körperschlingen zeitigen kaum große Erfolge. Selbst Abwehrbisse zeigen nur wenig Wirkung (Ernst et al. 2003).

DER PRAXISTIPP

Der Terrarianer kann die geringelten Unterarten der Dreiecksnatter aus Nordamerika von den giftigen Korallenottern dadurch unterscheiden, dass bei den Nattern – anders als bei den Giftschlangen – die roten und gelben Körperringe durch einen schwarzen Ring voneinander getrennt sind. Leider gilt diese Regel nicht für alle dreifarbig geringelten Schlangen Amerikas.

Trotz der großen Beliebtheit in Terrarianerkreisen ist die Dreiecksnatter in ihrem Verbreitungsgebiet nicht gefährdet. Regionalen Schutz genießen in den USA lediglich die Populationen der Unterarten *L. t. amaura* in Arkansas und Oklahoma sowie *L. t. multistrata* in Wyoming. In Europa ist die Haltung keiner der zahlreichen Unterarten artenschutzrechtlich reglementiert.

WUSSTEN SIE SCHON?

Die Unterscheidung der einzelnen Unterarten der Dreiecksnatter ist oft schwierig. Angaben zum Fundort, über die Anzahl der Rückenbänder, die Zeichnung von Rücken- und Bauchseite generell sowie detaillierte Zählungen der Schuppen sind dafür unentbehrlich. Einen detaillierten Bestimmungsschlüssel zu den Unterarten von *Lampropeltis triangulum* finden Sie bei Thissen et al. (1996).

Haltungsvoraussetzungen und Erwerb der Tiere

MIT Vorurteilen seiner Zeitgenossen muss der angehende Terrarianer rechnen, wenn er sich mit der Pflege von Schlangen beschäftigen möchte. Deshalb sollte er das bedingungslose Einverständnis seiner Familienmitglieder besitzen und sich davon überzeugen, dass auch der Vermieter seiner Wohnung und seine Nachbarn sein Hobby tolerieren. Generell verboten werden kann die Haltung einiger der harmlosen Nattern zwar nicht – aber Ärger ist dann oft vorprogrammiert, und die Rechtsprechung im Streitfall ist bislang auch nicht eindeutig. Der potenzielle Schlangenpfleger muss sich auch darüber klar sein, ob er sich die künftige Schlangenhaltung sowohl zeitlich als auch finanziell erlauben kann. Neben der regelmäßigen Wartung des Terrariums und der Pflege und Fütterung der Schlangen bereiten nicht nur der Erwerb der Tiere sowie die Anschaffung und Einrichtung des Terrariums Kosten. In einem längeren Zeitraum werden die laufenden Aufwendungen für Beleuchtung und Beheizung, für Kauf, Zwischenhälterung oder auch eigene Haltung und Vermehrung der Futtertiere und nicht zuletzt ebenso für nie völlig auszuschließende Tierarztbesuche die Einstiegskosten bei weitem übersteigen.

Conants Dreiecksnatter (*Lampropeltis triangulum conanti*) aus Mexiko
Foto: B. Love/Blue Chameleon Ventures

Obwohl die Haltung keiner der Unterarten der Dreiecksnatter in der EU eingeschränkt oder meldepflichtig ist, müssen wir dennoch die generellen Tierschutzbestimmungen beachten. So muss jeder, der ein Tier hält, betreut oder zu betreuen hat, dieses u. a. seiner Art und seinen Bedürfnissen entsprechend angemessen ernähren, pflegen und verhaltensgerecht unterbringen. Er muss über die dafür erforderlichen Kenntnisse und Fähigkeiten verfügen. Das setzt zumindest voraus, dass der angehende Pfleger von Dreiecksnattern sich schon vor der Anschaffung über deren Lebensansprüche eingehend informiert. Einige vage Hinweise eines Verkäufers reichen dafür nicht aus. Es ist daher Aufgabe auch dieses Bändchens der „Art für Art"-Reihe, die Grundvoraussetzungen für die Haltung, Pflege und letztlich Vermehrung der attraktiven Schlangen zu vermitteln. Auf weiterführende Spezialliteratur, die auch in jeder gut sortierten Bibliothek zu haben sein sollte, wird im Anhang verwiesen. Auch kann das Internet beim Studium

In diesen Kiefernwäldern im südlichen Alabama lebt die Scharlachrote Dreiecksnatter (*Lampropeltis triangulum elapsoides*)
Foto: B. Love/Blue Chameleon Ventures

Scharlachrote Dreiecksnatter (*Lampropeltis triangulum elapsoides*) aus Florida
Foto: B. Love/Blue Chameleon Ventures

Häufig ist die Rückenbänderung von *Lampropeltis triangulum sinaloae* nicht regulär.
Foto: B. Love/Blue Chameleon Ventures

der Haltungsbedingungen einer Art hilfreich sein. Leider ist der Anfänger aber kaum in der Lage, die unzähligen oberflächlichen und gar falschen Informationen von exakten wissenschaftlichen und guten praktischen Hinweisen zu unterscheiden. Weit sinnvoller ist der Kontakt zu anderen, erfahrenen Terrarianern, zu denen man am einfachsten in einem Verein in Kontakt treten kann. Und wer sich ernsthaft mit der Terraristik beschäftigen will, profitiert vom Besuch der Schulungen und der Prüfung zum Sachkundenachweis Terraristik. Er kann damit den Behörden gegenüber sein erworbenes Wissen belegen. Und der Kontakt zu anderen Terrarianern hat dessen ungeachtet den besonderen Vorteil, dass der angehende Schlangenpfleger möglicherweise die gewünschten Terrarientiere als Nachzuchten gesund und preisgünstig erwerben und gleich-

Scharlachrote Dreiecksnatter (*Lampropeltis triangulum elapsoides*)
Foto: B. Love/Blue Chameleon Ventures

tig die Haltungsbedingungen der Elterntiere vor Ort kennen lernen kann. Kontakte zu Züchtern erhält man auch über Kleinanzeigen beispielsweise auf www.reptilia.de (siehe „Weitere Informationen").

Der häufigste Fall des Erwerbs von Dreiecksnattern aber ist für den Anfänger der Kauf in einem Zoofachgeschäft. Leider wird er dort häufig ungenügend beraten, vor allem dann, wenn es sich nicht um ein auf Terraristik spezialisiertes Geschäft handelt. Oft erhält er dort Nachzuchttiere oder ältere Einzeltiere, die der Händler aus Privathand bekommen hat, aber auch Wildfänge werden angeboten. Die dritte Möglichkeit zum Kauf von Dreiecksnattern sind die allerorts veranstalteten Terraristikbörsen. Die Palette der dort angebotenen Nattern, vor allem der Jungtiere, ist unerschöpflich, das angebotene Sortiment an Unterarten und Farbmutationen oft unüberschaubar. Es lohnt sich, nach den preiswertesten Angeboten Ausschau zu halten. Nachteilig für den Neueinsteiger in die Pflege von Dreiecksnattern ist lediglich, dass die dort erhältlichen Nachzuchten mitunter noch Schwierigkeiten bei der Futteraufnahme bereiten.

DER PRAXISTIPP

Beim Erwerb einer Dreiecksnatter kann auch der terraristische Anfänger einen Gesundheitsschnellcheck vornehmen, bei dem sich wichtige Erkenntnisse über das Tier gewinnen lassen. Besonders beachtet werden sollten dabei:

- ungestörte Bewegungsabläufe oder eine eingerollte Ruhelage
- Fluchtreaktionen beim Ergreifen insbesondere von Wildfangtieren
- eine Abmagerung ist nicht gegeben
- unverletzte Haut, ohne alte Häutungsreste, Beulen, Verhärtungen oder Außenparasiten (auf Milben und deren Ausscheidungen achten)
- klare Augen – trübe Augen sind jedoch vor einer Häutung normal
- geschlossene Maulspalte; beim Öffnen des Maules ist eine gut durchblutete Schleimhaut zu erkennen; Beläge sind nicht vorhanden
- unnormale Atemgeräusche sind nicht zu hören; Dreiecksnattern zischen nur selten
- sauberer Kloakenspalt

Guatemala-Dreiecksnatter (*Lampropeltis triangulum abnorma*)
Foto: B. Love/Blue Chameleon Ventures

Honduras-Dreiecksnatter (*Lampropeltis triangulum hondurensis*)
Foto: B. Love/Blue Chameleon Ventures

Informationen über Termine und Veranstaltungsorte von Terraristikbörsen erhält der Interessent z. B. in der REPTILIA oder bei Terraristikvereinen.

Wohl zu den am häufigsten im Terrarium gehaltenen und vermehrten Unterarten gehören zweifellos *Lampropeltis triangulum sinaloae*, gefolgt von *L. t. hondurensis*, *L. t. campbelli* und *L. t. polyzona*. Sehr selten werden dagegen die Unterarten *L. t. blanchardi* und *L. t. taylori* gepflegt. Geringe Verbreitung besitzen letztlich auch *L. t. amaura*, *L. t. celaenops*, *L. t. conanti*, *L. t. dixoni*, *L. t. micropholis*, *L. t. oligozona*, *L. t. smithi* sowie *L. t. stuarti*. Wenn auch die Eignung der verschiedenen Unterarten aufgrund ihrer Lebensansprüche, insbesondere ihrer bevorzugten Beute, recht unterschiedlich ist, scheint aber doch das geringe Vorkommen in der Natur eine wesentliche Ursache für die seltene Haltung in menschlicher Obhut.

Der **Transport** größerer Dreiecksnattern erfolgt am besten einzeln in einem festen, luftdurchlässigen Leinenbeutel. Er sollte doppelte Nähte besitzen und „auf links“ gewendet werden. Zum

Schutz vor Abkühlung oder Überhitzung empfiehlt es sich, den Beutel zusätzlich in eine Polystyrolbox zu legen. Jungtiere werden am besten einzeln in geeigneten Kunststoffbehältern mit Lüftungsöffnungen transportiert. Etwas Moos oder zerknülltes Küchenpapier verhindern, dass das Tier im Behälter herumgeschleudert werden kann. Ein Versand lebender Schlangen ist nur über ein geeignetes Logistikunternehmen bei recht erheblichen Kosten möglich. Die Deutsche Post AG lehnt den Transport lebender Wirbeltiere ab.

Vor dem Eintreffen einer neu erworbenen Schlange muss ihr Terrarium komplett eingerichtet und in Hinblick auf seine Beheizung und Beleuchtung getestet sein.

Schlangen, die in einen schon vorhandenen Reptilienbestand eingegliedert werden sollen, sind zunächst separat zu halten. Nur so kann die Gefahr der Einschleppung von Krankheiten und Parasiten gemindert werden. Als **Quarantäneterrarium** genügt ein sehr einfach eingerichtetes Becken mit artgerechter Beheizung und Beleuchtung, mit Versteckmöglichkeiten und einem Wasserbehälter. Wünschenswert ist eine mehrmonatige strikt gesonderte Haltung und Pflege des Neuankömmlings. Insbesondere bei Wildfängen ist die Untersuchung einer Kotprobe in einer veterinärmedizinischen Einrichtung zu empfehlen. Erfahrungsgemäß genügt es aber meist, die Quarantäne zu beenden, wenn sich die neue Schlange unauffällig verhält und einige Male gefressen sowie normal gekotet hat.

Zum fachgerechten Transport von Schlangen gehören üblicherweise eine wärmedämmende Polystyrolkiste, ein Stoffbeutel für größere Exemplare, eine Kunststoffdose mit Polsterung für kleine Tiere sowie bei Kälte geeignete Thermobags. Foto: D. Schmidt

Das Terrarium

DIE artgerechte Unterbringung der Schlangen gehört zu den wichtigsten Aufgaben, die der Terrarianer bewältigen muss, um ihnen einen den natürlichen Verhaltensweisen angemessenen Lebensraum zu bieten. Das Terrarium sollte meines Erachtens – besonders, wenn es in einem Wohnraum aufgestellt wird – dem Betrachter einen ästhetischen Anblick bieten. Die Haltung von Schlangen in schuhkartongroßen Kunststoffkästen, aufgereiht in Regalen wie Käfige von Labormäusen, ist vor allem in den USA weit verbreitet und nimmt leider auch in Europa immer mehr zu. Diesem Trend möchte ich nicht folgen und halte alle meine Schlangen in naturnah eingerichteten, möglichst geräumigen Terrarien. Die oft empfohlene Einzelhaltung der ja auch andere Schlangen fressenden *Lampropeltis*-Arten kann natürlich Platzprobleme bereiten. Ich selbst musste aber nie Verluste durch Kannibalismus bei der gemeinsamen Haltung aneinander gewöhnter und etwa gleich großer Exemplare in Kauf nehmen. Das Zusammensetzen von zwei fremden Exemplaren gelang problemlos, wenn beide gerade reichlich gefüttert worden waren.

Als **Größe** eines Terrariums für zwei etwa gleich große Dreiecksnattern empfiehlt das „Gutachten über Mindestanforderung an die Haltung von Reptilien vom 10.01.1997“, erstellt im Auftrag des Referates Tierschutz im Deutschen Bundesministerium für Ernährung,

Honduras-Dreiecksnatter (*Lampropeltis triangulum hondurensis*) Foto: B. Love/Blue Chameleon Ventures

Sinaloa-Dreiecksnatter (*Lampropeltis triangulum sinaloae*)
Foto: B. Love/Blue Chameleon Ventures

Landwirtschaft und Forsten, folgende Abmessungen: 1,0 × 0,5 × 0,5, multipliziert mit der Gesamtlänge der Schlange. Zusätzlich wird für jedes weitere Tier die Zugabe von etwa 20 % des Terrarienvolumens unter Beibehaltung der Terrarienproportionen gefordert. In Österreich publizierte Haltungsrichtlinien sehen allgemein für zwei bodenbewohnende Schlangen bis 1 m Länge eine Terrariengrundfläche von 0,5 m^2 und 40 cm Terrarienhöhe plus 0,15 m^2 für jedes weitere Tier vor. Gehen wir von der Haltung zweier Dreiecksnattern aus, die bereits 1 m lang sind oder diese Länge in den nächsten Jahren erreichen, entsprechen die empfohlenen Mindestmaße des Terrariums in beiden Ländern einer Grundfläche von beispielsweise 100 cm Länge und 50 cm Tiefe. Der Unterschied in der Mindesthöhe von 50 bzw. nur 40 cm sollte keine Rolle spielen. Diese Terrariengröße kann als ausreichend gelten. Durch geschickte Konstruktion der Rück- und Seitenwände, insbesondere das Anbringen erhöhter Liegeflächen, lässt sich die nutzbare Grundfläche des Terrariums bedeutend erweitern. Auch ein relativ tiefes Terrarium ist sinnvoll, um den Schlangen Rückzugsmöglichkeiten zu bieten und unnötigen Stress zu vermeiden. Für Jungtiere empfehlen sich kleine Behälter, wie die im Fachhandel erhältlichen Kunststoffterrarien. So wird nicht nur dem Pfleger die Kontrolle über seine Jungschlangen erleichtert, die Tiere akzeptieren auch problemloser das angebotene Futter.

Zur Gewährleistung günstiger Lebensbedingungen sind durch eine artgemäße **Klimatisierung** und Gestaltung des Terrarieninnenraumes einige technische Voraussetzungen unabdingbar. So brauchen Dreiecksnattern wie alle Reptilien zur Aufrechterhaltung aller Lebensfunktionen Wärmezufuhr von außen. Als wechselwarme Lebewesen sind sie kaum in der Lage, eine innere Regulierung der Körpertemperatur vorzunehmen, und daher gezwungen, Plätze aufzusuchen, die ihnen die gewünschte Wärmeaufnahme ermöglichen. In einem Temperaturbereich von etwa 18–30 °C, lokal bis ca. 35 °C, können die Tiere normales Verhalten zeigen, und der physiologische Ablauf der Stoffwechselfunktionen ist möglich. Längere Zeiträume mit niedrigeren oder

Terrarienanlage für Dreiecksnattern Foto: D. Schmidt

sehr hohen Temperaturen haben eine Winter- bzw. eine Sommerruhe zur Folge. Als Grundtemperatur im Terrarium für Dreiecksnattern sind im Mittel 24–28 °C anzustreben. Während der Nacht kann die Temperatur auf 18–22 °C fallen, was meist auch der Raumtemperatur entspricht. Je nach Herkunft der Unterart (siehe Verbreitungskarte) können diese Werte etwas variiert werden, wobei für Unterarten aus den tieferen Lagen südlicherer Breiten die entsprechenden Terrarientemperaturen etwas höher liegen können.

Die wichtigste Wärmequelle in der Natur ist die Sonne. Mit ihrer direkten Einwirkung ist auch immer Licht verbunden. Der für das Wohlbefinden und die Gesundheit vieler Echsen oder Schildkröten lebenswichtige ultraviolette Anteil des Lichtes spielt bei Schlangen eine untergeordnete Rolle, da sie über ihre Futtertiere gewöhnlich ausreichend Vitamine (u. a. D_3) und Mineralstoffe (u. a. Calcium) aufnehmen. Da wir technisch in einem Terrarium nie eine dem Sonnenlicht entsprechende Beleuchtung mit der gewünschten Erwärmung erreichen können, sind wir gezwungen, durch geeignete künstliche Licht- und Wärmequellen physiologisch angemessenen Ersatz zu schaffen. Für die überwiegend dämmerungs- und nachtaktiven Dreiecksnattern sind Wärmequellen, die die Wärme ausschließlich von unten liefern (Heizmatten, Heizkabel, „Heizsteine“) gut geeignet. Nach Ernst et al. (2003) liegen Dreiecksnattern mit Ausnahme der Periode nach der Winterruhe praktisch nie in der Sonne, sondern beziehen ihre Körperwärme durch von der Sonne erwärmte Unterlagen. Unter einem Schlangenterrarium angebrachte Heizmatten oder -kabel können eine allgemeine Mindesttemperatur im Terrarium gewährleisten. Sie sollten jedoch nur einen Teil der Bodenfläche temperieren. Die so genannten Heizsteine sind für Schlangen meist zu klein.

Die einfachste und preiswerteste Licht- und Wärmequelle im Terrarium sind Glühlampen, deren Leistung (15–100 W) der gegebenen Terrariengröße und dem Standort des Terrariums anzupassen ist, um die gewünschte Temperatur zu erreichen. Sie werden am besten über dem Terrarium platziert. Innerhalb des Beckens installiert, sind sie durch einen Drahtkorb vor Berührung durch

Tier und Mensch zu schützen. Reflektorglühlampen oder zusätzliche Reflektorschirme bündeln Licht- und Wärmestrahlung und sind für lokale „Sonnenplätze“ gut geeignet. Zur allgemeinen Beleuchtung sind Leuchtstoffröhren, so genannte Sparlampen, Halogenleuchten u. Ä. zu empfehlen.

Wegen der individuellen Unterschiede jedes Terrariums und seiner Umgebung lassen sich Anweisungen zur Gesamtleistung von Beleuchtung und Beheizung nicht geben. Insbesondere die Heizleistung aller Wärmequellen ist vor Besetzung des eingerichteten Terrariums mit den Tieren durch Temperaturmessungen in verschiedenen Bereichen des Beckens zu ermitteln. Wer Temperaturextreme bei stark schwankenden Umgebungstemperaturen vermeiden will, ist mit einer automatischen Regelung durch einen Thermostat und eine Zeitschaltuhr gut beraten. Für die automatische Schaltung der Beleuchtung im Terrarium sollte auf alle Fälle eine Schaltuhr genutzt werden. Mit ihr lässt sich auch eine jahreszeitlich unterschiedliche Tageslichtdauer einfach regulieren. Um dem Einsteiger erste Vorstellungen über den Bedarf

Puebla-Dreiecksnatter (*Lampropeltis triangulum campbelli*)
Foto: B. Love/Blue Chameleon Ventures

an Licht- und Wärmequellen zu vermitteln, seien 1–2 Tageslicht-Leuchtstoffröhren in der Länge des Terrariums, eventuell 1–2 Energiesparlampen, zusätzlich zwei normale Glühlampen oder Reflektorglühlampen sowie eine Heizmatte (maximal 50 W) für etwa ein Drittel der Bodenfläche empfohlen.

Die bei einem Standardterrarium, wie es im Handel angeboten wird, vorhandenen Belüftungsöffnungen, mit Drahtgaze oder Lochblech gesichert, sorgen normalerweise für einen ausreichenden, zugfreien Luftaustausch. Damit wird gleichzeitig eine relative Luftfeuchtigkeit von etwa 50 bis höchstens 70 % erreicht. Zusätzlich garantiert

der Wasserbehälter im Terrarium – für Trink- und Badezwecke gleichermaßen geeignet – die entsprechende Luftfeuchte. Werden mit einem Hygrometer niedrigere oder höhere Werte der relativen Luftfeuchtigkeit gemessen, ist durch Besprühen des Innenraumes mit warmem Wasser bzw. eine Zwangsentlüftung mit Hilfe eines kleinen Ventilators für die gewünschte Klimatisierung zu sorgen. Kann der Ventilator nicht an einer zweckmäßigen Stelle eingebaut werden, bei fertig erworbenen Vollglasterrarien dürfte das etwas schwierig sein, sollte er – wenn auch weniger effektiv – vor einer Entlüftungsfläche im oberen Bereich des Beckens angebracht werden.

Durch die **Verkleidung der Rückseite** sowie einer oder beider Seiten des Terrariums mit handelsüblichen Wandelementen oder im Eigenbau können nach Wunsch naturgetreu aussehende Fels- oder Baumstammimitationen gestaltet werden. Dabei lassen sich auch Liegeflächen, Kletteräste oder Pflanzenbehälter optisch ansprechend einfügen. Art und Weise der Wandgestaltung sind sehr vielfältig. Deshalb sei auf Spezialliteratur wie von Wilms (2004) verwiesen. Hier sind auch unzählige Tipps zur gesamten Einrichtung eines Terrariums zu finden.

Der Praxistipp

Wer eine größere Ausgabe oder etwas Arbeitsaufwand scheut, kann zur optischen Aufbesserung nackter Terrarienwände auch eine der im Fachhandel erhältlichen Hintergrundtapeten verwenden. Diese bieten zwar nicht die Vorteile einer plastischen Rückwand, können jedoch bei Kleinterrarien gut verwendet werden.

Da die vorwiegend nachtaktive Dreiecksnatter sich tagsüber auch gern in den **Bodengrund** einwühlt, sollte dieser wenigstens 5 cm hoch eingebracht werden. Ich möchte dafür die ebenfalls im Terraristikfachgeschäft erhältliche Einstreu aus Tannen-, Pinien-, Korkrinde o. Ä. empfehlen. Dieses Material sieht natürlich aus und kann mit Moospolstern kombiniert werden.

Viele Terrarianer bevorzugen als Bodensubstrat auch Hobelspäne, Holzhäcksel oder Hanfeinstreu – das ist letztlich Ansichtssache. Wichtig ist nur, dass das Material staubfrei ist und keine spitzen Teile enthält, die bei einer unbeabsichtigten Aufnahme zu gesundheitlichen Problemen führen können.

Zur Rindeneinstreu gut passend sind als **Versteckmöglichkeiten** neben Moos auch große Rindenstücke (Kiefernborke, Korkrinde als Platten oder Röhren), ansonsten flache Steine, künstliche Höhlen aus Keramik oder Kunststoff aus dem Fachhandel oder u. U. auch eine Schlupfkiste. Zusätzlich zu den plastischen Rück- und Seitenwänden bieten bizarre Äste (Robinie, Apfel, alte Rebstöcke, Kakteenskelette u. a. m.) und ein teilweise verrotteter Baumstumpf gute **Klettermöglichkeiten**.

DER PRAXISTIPP
Es ist wichtig, dass die Kletter- und Versteckmöglichkeiten im Terrarium sicher verankert sind, um Unfälle mit Quetschungen oder gar Knochenbrüchen zu vermeiden.

In allen natürlichen Lebensräumen der zahlreichen Unterarten der Dreiecksnatter gehören mehr oder weniger **Pflanzen** zum normalen Erscheinungsbild. Dieses Gestaltungselement sollte in einem Terrarium nicht fehlen. Bei größeren Schlangen bereiten Pflanzen jedoch Probleme. Sie brauchen sehr helles Licht, verdorren schnell im Bereich von Strahlern, ihre Töpfe sind ansprechend zu verkleiden, und sie brauchen bald mehr Pflege als die Schlangen selbst. Größere Dreiecksnattern zerdrücken das Blattwerk und wühlen die Pflanzen sogar aus den Töpfen. Andererseits tragen Pflanzen wesentlich zu einem ästhetischen Anblick des Terrariums bei.

Ich kann als mittlerweile recht ansprechenden Ersatz für natürliche Pflanzen eine Fülle wirklich gut gestalteter Blattpflanzen aus Kunststoff oder Gewebe empfehlen. Kunstpflanzen mit Blüten im Terrarium empfinde ich allerdings meist als kitschig. Sehr ansprechend und natürlich aussehend sind künstliche Kakteen und viele Tillandsien. Sie passen zudem oft gut zum amerikanischen Lebensraum der Dreiecksnatter. Künstliche Pflanzen lassen sich sehr gut in die Rück- und Seitenwände, in den Bodengrund oder in den Baumstubben einfügen. Oft genügt ein Bohrloch. Sie lassen sich gut reinigen und, wenn nötig, sogar desinfizieren. In etwas steiferer Ausführung werden sie als zusätzliche Kletter-

Die Zeichnung dieser Roten Dreiecksnatter (*Lampropeltis triangulum syspila*) ähnelt der der Nominatform. Foto: B. Love/Blue Chameleon Ventures

möglichkeit genutzt und bieten sogar gute Häutungshilfen.

Ein wichtiges Einrichtungselement ist letztlich noch der bereits erwähnte **Wasserbehälter**. Bei Dreiecksnattern sollte er immer wenigstens so groß sein, dass sich die Schlange vollständig in ihn hineinlegen kann. Was als Wassergefäß verwendet wird, ist schließlich wieder dem Geschmack des Terrarianers überlassen. Einfache Glas- oder Kunststoffbehälter, Tonschalen (u. a. Blumentopfuntersetzer) oder die etwas teueren, als Gesteinsimitationen gestalteten Spezialgefäße aus dem Terraristikhandel sind gleichermaßen geeignet. Ein tiefes Einlassen des Wassergefäßes in den Bodengrund mag zwar schöner aussehen, praktisch ist es aber nicht, da eine Schlange beim Umherstreifen bald Bodengrund in das Wasser geschoben haben wird.

Über die lange, gegabelte Zunge wird die Qualität des Trinkwassers kontrolliert. Foto: D. Schmidt

Fütterung

WIE alle Schlangen sind auch Dreiecksnattern carnivor – sie fressen Fleisch, d. h. andere Tiere, die sie in der Natur nahezu ausschließlich lebend erbeuten. Bei der Ernährung in freier Natur ist vor allem die nach Lebensraum, Jahreszeit und Witterung unterschiedliche Häufigkeit der Beutetiere ausschlaggebend. Meist machen kleine Säugetiere den größten Teil des gesamten Futtervolumens aus. Dazu kommen Vögel sowie Reptilien – vor allem Echsen, gelegentlich auch kleine Schlangen und sogar Giftschlangen. Ebenso wurden Frösche, Kröten, Fische, Regenwürmer, Schnecken, Käfer, Raupen und Schaben als Beutetiere nachgewiesen, außerdem Vogel- und Reptilieneier sowie Aas.

Dreiecksnattern, insbesondere Exemplare der kleineren Unterarten, besitzen auch einen relativ kleinen Kopf mit ebenfalls nur

Honduras-Dreiecksnatter (*Lampropeltis triangulum hondurensis*) frisst eine junge Vielzitzenmaus. Foto: D. Schmidt

kleinem Maul. Die Nahrung wird durch ihren Geruch vor allem über das Jacobsonsche Organ sowie über die Augen von der Schlange wahrgenommen und aktiv gejagt oder aus dem Ansitz heraus ergriffen. Dann wickelt sich die Schlange blitzschnell um ihr Opfer und erstickt es durch kräftiges Zuziehen der Umschlingung. Mit jedem Ausatmen des Beutetieres wird die Umklammerung enger – bis kein Herzschlag mehr zu spüren ist. Vielfach drücken Dreiecksnattern ihre Beute, vor allem, wenn sie ihnen nicht durch Bisse gefährlich werden kann, lediglich gegen den Untergrund oder an Gegenstände, bis der Tod eintritt. Harmlose Beute, wie nestjunge Mäuse oder Küken, wird gelegentlich auch gleich lebend verschlungen. Ihrem speziellen Kopfskelett haben es Schlangen zu verdanken, dass sie auch relativ große Beute verschlingen können. Die Teile der Ober- und Unterkiefer sind lediglich durch dehnbare Bänder miteinander verbunden, sodass das Beutetier wesentlich größer als der Kopf der Schlange sein kann. Die kräftige Körpermuskulatur hilft schließlich, die Beute zu komprimieren und bis zum Magen zu transportieren. Hier wird sie binnen weniger Tage fast restlos verdaut. Lediglich die aus Keratinen (Hornstoffen) bestehenden unverdaulichen Bestandteile werden wieder ausgeschieden.

So unterschiedliche Beutetiere, wie sie Dreiecksnattern in der Natur vorfinden, können wir ihnen im Terrarium allerdings nie bieten – es ist auch nicht unbedingt erforderlich. Zur Hauptnahrung, die auch zeitlebens ohne Probleme an Dreiecksnattern verabreicht werden kann, zählen **Mäuse** und **Ratten.** Von nackten Nestjungen bis zu Alttieren werden sie als Futter akzeptiert.

WUSSTEN SIE SCHON?
Das Jacobsonsche Organ ist bei den Schlangen ein mit Riechzellen ausgekleidetes Sinneswerkzeug im Gaumendach. Durch intensives Züngeln nehmen die Tiere Duftpartikel ihrer Beute, von Feinden, Artgenossen, Wasser etc. aus der Umgebung auf und führen diese mit den Spitzen ihrer gespaltenen Zunge dem Jacobsonschen Organ zu. Die Riechleistung dieses Organs übertrifft die der Nase bei weitem.

Auch **Eintagsküken** von Hausgeflügel sind ein gutes Futter. Während Mäuse und Ratten im Fachhandel gekauft oder selbst gehalten und vermehrt werden können, fallen in Geflügelzuchtbetrieben die aussortierten Hähnchenküken der Legerassen in großen Stückzahlen an und können preiswert erworben werden. Sie sind jedoch auch, so wie die Nager, tiefgefroren im Futtertier- und Zoohandel zu erstehen.

Grundsätzlich sollte meiner Meinung nach einer Dreiecksnatter – wie überhaupt allen Schlangen – **lebende Beute** angeboten werden. Das Aufspüren, der Fang, die Tötung und das Verschlingen lebender Beute haben die Schlangen in ihrer Evolution über Jahrmillionen perfektioniert. Ohne diese Verhaltensweisen könnten Schlangen in der Natur nicht überleben. Schlangen sind nach wie vor Wildtiere, denen auch unter Terrarienbedingungen Möglichkeiten geboten werden sollten, ihren natürlichen Verhaltensweisen wenigstens teilweise nachzugehen. Viele Schlangen lassen sich daran gewöhnen, tote Futtertiere zu fressen – vor allem dann, wenn ihnen durch Bewegungen der mit einer Futterzange vorgehaltenen Beute noch Leben vorgetäuscht wird.

Vielzitzenmäuse Foto: D. Schmidt

Tote Beutetiere zu verfüttern, kann sich als zweckmäßig erweisen, wenn beispielsweise die Nager oder Eintagsküken nur in größeren Stückzahlen erhältlich sind und dann tiefgefroren bei mindestens –18 °C eingelagert werden. Dasselbe gilt beim Kauf tief gefrorener Futtertiere. Nach dem Auftauen ist das Futtertier auf etwa 25 °C zu erwärmen.

Da in der Natur Reptilien, darunter eben auch Schlangen, zur Beute einer Dreiecksnatter gehören, besteht natürlich auch im Terrarium die Gefahr, dass ein größeres Exemplar eine kleinere Schlange, selbst der eigenen Art, auffrisst. Vielfach wird deshalb die konsequente Einzelhaltung für alle *Lampropeltis*-Arten gefordert. Nach meinen Erfahrungen ist die Gefahr des Kannibalismus bei diesen Arten aber sehr gering, wenn nur etwa gleich große und von klein auf aneinander gewöhnte Tiere gemeinsam gepflegt und bei der Fütterung beaufsichtigt werden. Auch ist es empfehlenswert, größere

Wegen futterneidischen Mitbewohnern empfiehlt es sich, die Fütterung von Dreiecksnattern zu überwachen. Foto: D. Schmidt

Exemplare beispielsweise in einer Kunststoffkiste separat zu füttern und erst danach wieder gemeinsam in ihr Terrarium zu setzen.

Wenn die Futtertiere vollwertig ernährt wurden, ist eine zusätzliche Verabreichung von Vitaminen und Mineralstoffen an die Nattern nicht erforderlich. Bei gefrostetem Futter aus dem Handel weiß man das leider nicht immer. Bei lebend erworbenen Futtertieren unbekannter Herkunft hilft eine Zwischenhälterung bei vollwertiger Ernährung. Lediglich bei Zwangsernährung absoluter Futterverweigerer mit magerem Fleisch (Rinderherz) oder einem Futterbrei sollte ein für Reptilien empfohlenes Multivitamin-Mineralstoff-Präparat in der adäquaten Dosis zugesetzt werden. Spezialisierte Zoofachhändler und Tierärzte geben dabei Unterstützung und haben auch geeignete Präparate vorrätig. Eine vollwertige Ernährung von Mäusen und Ratten erzielt man am einfachsten mit der Verfütterung eines guten Fertigfuttermittels (Rattenpellets) aus dem Tierfutterhandel und gelegentlicher Beigabe von Grünfutter. Allein mit trockenem Brot lassen sich die Nager nicht vollwertig ernähren.

Wenn auch junge Dreiecksnattern nicht selten die ihnen angebotenen nestjungen Mäuse – ggf. mit Echsengeruch verwittert – verweigern und deshalb eine Zeit lang zwangsernährt werden müssen, sind ältere Exemplare oft gierige Fresser. In der Natur an relativ seltenen Beutefang angepasst, werden sie unter Terrarienbedingungen bei reichlichem Futterangebot weit mehr fressen, als ihrer Gesundheit gut tut. Sie verfetten, verlieren ihre Fortpflanzungsfähigkeit und gehen schließlich an Organerkrankungen ein. Da der Energiebedarf einer Schlange wesentlich geringer ist als der eines Warmblüters, ist sie in der Lage, ohne Probleme über Wochen und Monate ohne Nahrungsaufnahme auszukommen. Natürliche Fastenzeiten vor und während der Winterruhe, bei fortgeschrittener Trächtigkeit oder vor einer Häutung sind normal und kein Grund zur Beunruhigung.

In den ersten Wochen nach dem Schlupf ernähren sich junge Dreiecksnattern zunächst noch von Resten des während ihrer Entwicklung im Ei zur Verfügung stehenden Dotters. Nach ihrer ersten Häutung kann eine ein oder zwei Tage alte Maus angeboten werden, denn vorher gehen die Tiere meist nicht ans Futter. Während zunächst ein, später zwei nestjunge Mäuse je Woche gefressen werden, sind mit zunehmendem Alter bei guter Körperentwicklung der Schlange die Fütterungsintervalle auf etwa zwei Wochen zu verlängern. Ein bis zwei junge, schon behaarte Jungmäuse genü-

DER PRAXISTIPP

Eine futterverweigernde junge Dreiecksnatter kann man eventuell zu Fressen bewegen, wenn sie zusammen mit einer nestjungen Maus für ein paar Stunden in eine kleine Plastikdose – natürlich mit Luftlöchern – gesperrt oder ihr eine abgetötete nestjunge Maus vorgelegt wird, aus deren eröffnetem Schädel etwas Hirnmasse austritt.

DER PRAXISTIPP

Zur einfachen und stressarmen Zwangsfütterung junger Dreiecksnattern sei eine so genannte „Pinky Pump“ empfohlen. In diese Spezialspritze – im Terraristikfachgeschäft erhältlich – werden möglichst schon etwas zerkleinerte, nestjunge Mäuse gefüllt. Die Knopfkanüle wird dann vorsichtig in den Schlund der Jungschlange eingeführt. Mit Druck auf den Spritzenkolben werden schließlich etwa 0,5-2 ml Inhalt abgedrückt und vorsichtig bis etwa zu einem Drittel der Länge der Schlange in Richtung Magen massiert.

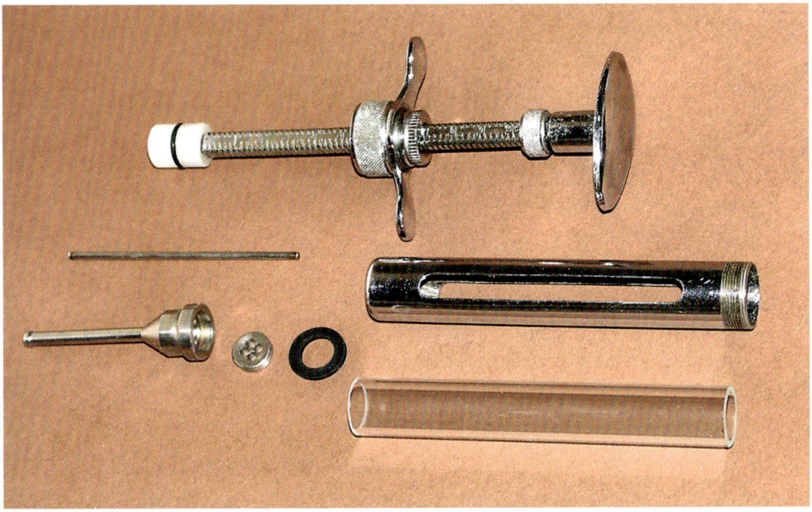

Einzelteile einer Pinky Pump zum Stopfen junger Schlangen (von oben im Uhrzeigersinn): Kolben mit Daumenteil und Fingergriffen, Spritzenkörper, Glas- oder Kunststoffzylinder, Dichtungsring, Messer-Lochscheibe, Kanüle, Reinigungsstift. Foto: D. Schmidt

gen dann. Der Futterbedarf von Dreiecksnattern hängt natürlich von ihrer Größe und damit auch von der Unterartzugehörigkeit ab. Mehr als 1 m langen Exemplaren genügen alle 2–3 Wochen 2–3 Mäuse oder eine halbwüchsige Ratte oder zwei Eintagsküken.

Im Falle einer Futterverweigerung über viele Wochen ist über deren Ursachen nachzudenken. Auf natürliche Fresspausen wurde schon verwiesen. Auch Stresssituationen durch Transport, Futterumstellung oder zu kühle Haltung können Ursachen für die Verweigerung des Futters sein. Besteht der Verdacht auf eine Erkrankung, sollte unbedingt ein mit Reptilien erfahrener Tierarzt aufgesucht werden. Er kann zur Klärung der Gründe einer Futterverweigerung beitragen und gibt neben Ratschlägen zu einer notfalls erforderlichen Zwangsernährung auch Hinweise zur Verabreichung von Medikamenten.

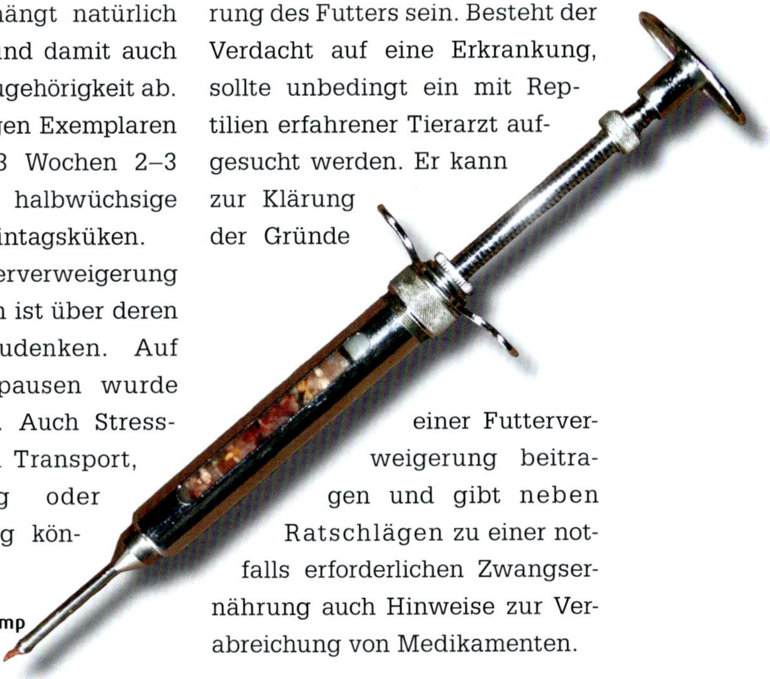

Einsatzbereite Pinky Pump
Foto: D. Schmidt

Pflege

ALS Terrarianer sind wir verpflichtet, mit unseren Pfleglingen artgemäß umzugehen, sie ihren Bedürfnissen entsprechend unterzubringen, sie angemessen zu ernähren und zu pflegen. Zur **täglichen Pflege** der Tiere gehört zunächst die Kontrolle des Terrarienklimas: Entspricht die Temperatur im Terrarium dem täglichen Rhythmus und den jahreszeitlichen Vorgaben? Funktioniert die Schaltuhr für die Beleuchtung, und sind alle Lampen und Strahler intakt? Ein weiterer Schwerpunkt betrifft die Hygiene im Terrarium: Sind Exkremente, Häutungsreste oder gar ein totes Futtertier zu entfernen? Befindet sich sauberes Wasser im Trink- und Badebehälter? Und letztlich ist das Verhalten der Nattern zu beachten: Sind ungewöhnliche Verhaltensweisen zu erkennen, die auf eine Gesundheitsstörung hinweisen (Unruhe, Apathie, ungewöhnliches Trinkbedürfnis, tagelanger Aufenthalt im Wasser usw.) oder die vielleicht sogar mit der Fortpflanzung in Verbindung stehen könnten (Kommentkämpfe, Paarungsversuche, fortgeschrittene Trächtigkeit, Suche nach einem Eiablageplatz, Eiablage usw.)? Zeigt ein Tier durch sein Verhalten, dass es Hunger hat (erhöhte Aktivität, „Neugier“, Beißlust)? Hat es normal Kot und Urin – das sind die weißen Bestandteile im dunkleren Kot – abgesetzt?

Dreiecksnattern sind normalerweise nicht aggressiv und lassen sich ergreifen, ohne zu beißen. Auch Wildfänge gewöhnen sich an einen ruhigen und besonnenen Umgang und verlieren ihre Scheu – Kuscheltiere sind sie jedoch nicht. Sollte beim unvor-

Östliche Dreiecksnatter (*Lampropeltis triangulum triangulum*) bei der Häutung
Foto: B. Love/Blue Chameleon Ventures

sichtigen Hantieren im Terrarium die Dreiecksnatter vielleicht einmal Ihren Finger mit einer Maus verwechseln und zubeißen – bitte keine Panik! Sie wird meistens ohnehin gleich wieder loslassen, und aus den Bissmarken austretende Blutstropfen versiegen bald ohne ernste Folgen. Im Gegensatz zu einem Hund oder einer Katze hat eine Natter kaum infektiöses Material an den Zähnen. Man muss nur darauf achten, dass eine Sekundärinfektion der Wunde durch Verschmutzung vermieden wird. Ich selbst habe noch nie erlebt, dass eine derartige Verletzung später noch geeitert hätte. Eine vorbeugende Tetanusschutzimpfung ist jedoch nicht nur für Naturfreunde zu empfehlen.

WUSSTEN SIE SCHON?
Eine bevorstehende Häutung kündigt sich mit dem Verblassen der Färbung der Natter und dem Eintrüben der Augen an: Eine milchige Flüssigkeit hilft beim Ablösen der alten Hautschicht. Werden nach einigen Tagen die Augen wieder klar, steht die Häutung kurz bevor.

Da alle Reptilien zeitlebens wachsen – wenn auch mit fortschreitendem Alter immer langsamer –, ist es auch bei Dreiecksnattern erforderlich, dass sie hin und wieder die aus abgestorbenen Zellen bestehende äußerste Hautschicht abstreifen. Die Kontrolle des **Häutung**sprozesses gehört zu den Aufgaben des Terrarianers. Während junge Dreiecksnattern alle 1–2 Monate aus ihrer abgestorbenen Oberhaut kriechen, häuten sich Alttiere gewöhnlich nur noch ein- bis zweimal im Jahr. Normalerweise streift die Natter die gesamte äußere Hautschicht, das so genannte „Natternhemd“ (Exuvie), in einem Stück ab.

DER PRAXISTIPP
Probleme bei der Häutung treten meist bei nicht optimalen Haltungsbedingungen auf. Kann eine Schlange ihre Haut nicht oder nicht vollständig abstreifen, hilft meist ein lauwarmes Bad. Nach etwa einer Viertelstunde ist die alte Hautschicht aufgeweicht und lässt sich vorsichtig abstreifen. Ergreifen Sie die Schlange dazu mit einem Tuch und lassen Sie das Tier langsam herauskriechen. Achten Sie immer auf eine vollständige Häutung. Vor allem auf den Augen und an der Schwanzspitze dürfen keine Häutungsreste zurück bleiben.

Zur Gewährleistung des Wohlbefindens der Dreiecksnattern im Terrarium, zur Stimulierung der Fortpflanzungsbereitschaft und nicht zuletzt zum Erreichen eines hohen Lebensalters sind die natürlichen täglichen und jahreszeitlichen Temperatur- und Lichtverhältnisse zu imitieren. Die täglichen Anforderungen an die Beleuchtung (Tageslichtlänge, Helligkeit) und an die Temperierung (Tag-Nacht-Unterschiede, Maximal- und Minimaltemperatur, lokale Strahlungswärme) lassen sich weitgehend durch die entsprechende Mess- und Steuerungstechnik automatisieren, bedürfen jedoch der regelmäßigen Kontrolle. Die aus höheren Breiten mit gemäßigtem oder subtropischem Klima stammenden Unterarten der Dreiecksnatter sollten aber auch die natürlichen Jahreszeiten erleben dürfen (siehe Tabelle 3). Auf eine **Sommerruhe** (Aestivation), wie sie manche Populationen in den heißen Sommermonaten absolvieren, können wir unter Terrarienbedingungen verzichten. Zumindest Exemplaren, die für eine Vermehrung vorgesehen sind, ist jedoch unbedingt eine geeignete **Winterruhe** (Hibernation) zu ermöglichen. Ist in der Natur die sommerliche Aktivitätsperiode vorüber, suchen Dreiecksnattern der nördlichen Verbreitungsgebiete, teilweise auch die in höheren Lagen lebenden Populationen in Mittelamerika, frostsichere Unterschlupfe in hohlen Baumstämmen, Nagetierbauen, Felsspalten u. Ä. auf und verbringen dort die Wintermonate. Viele Exemplare stellen deshalb trotz unveränderter Beleuchtungs- und Temperaturverhältnisse im Spätherbst die Futteraufnahme ein und verkriechen sich. Das sollten wir akzeptieren und den Dreiecksnattern wenigstens eine verkürzte Winterruhe zubilligen. Bei meinen Tieren nordamerikanischer und mexikanischer Unterarten hat sich eine etwa acht Wochen dauernde Pause bei rund 10 °C bewährt. Dazu verkürze ich im Laufe des Novembers die tägliche Beleuchtungsdauer allmählich von etwa 14 Stunden im Sommer auf sechs Stunden und senke die Terrarientemperatur langsam. Futter wird nicht mehr angeboten. Optimal ist es nun, wenn das Terrarium mit den Dreiecksnattern dafür in einem separatem Raum steht, wo dieses Temperaturregime realisiert werden kann. Dann können die Dreiecksnattern während der Winterruhe in ihrem Terrarium verbleiben. Zum Schutz vor plötzlichem Temperaturwechsel gebe ich eine etwa 20 cm hohe Schicht trockenes Laub zur Wärmedämmung ins Terrarium. Trinkwasser muss dabei stets zugänglich sein. Im Verlauf der rund zweimonatigen Winterruhe bleibt die Beleuchtung außer Betrieb. Der Raum wird zusätzlich leicht verdunkelt, die Raumtemperatur – mit einem Thermostat geregelt – beträgt 8–10 °C. Zur Beendigung der Winterruhe wird die Temperatur im Verlauf mehrerer Wochen allmählich erhöht und die Beleuchtung zunächst für einige Stunden am Tag wieder eingeschaltet. Schließlich werden am Tage Temperaturen von 20–23 °C erreicht, die nachts auf etwa 18 °C sinken.

Steht dem Schlangenfreund kein separater Terrarienraum zur Verfügung, sind die Dreiecksnattern samt Terrarium oder separat in einer mit Moos und Laub gefüllten, gut belüfteten und ausbruchsicheren Überwinterungskiste in einen Raum (Dachboden, Keller, Veranda) zu verbringen, der die gewünschten Bedingungen erfüllt. Auch in der Überwinterungskiste ist für ein Gefäß mit stets sauberem Wasser zu sorgen. Schlangen, die offensichtlich erkrankt sind oder die im Überwinterungsbehälter nicht zur Ruhe kommen, sollten Sie warm über den Winter bringen. Nach der Winterruhe nehmen die Dreiecksnattern langsam wieder ihre normalen Aktivitäten auf. Sie häuten sich, fressen wieder und versuchen, sich zu paaren. Befinden sich mehrere Männchen zusammen, können wir vielleicht sogar Kommentkämpfe beobachten. Die Tiere versuchen, sich gegenseitig niederzuringen, ohne sich aber dabei zu verletzen, wobei jedoch schon einmal die Terrarieneinrichtung verwüstet wird. Vermutlich geht es dabei um die Vorherrschaft in der Gunst eines Weibchens. Das ist jedoch nicht eindeutig geklärt.

Puebla-Dreiecksnatter (*Lampropeltis triangulum campbelli*)
Foto: B. Love/Blue Chameleon Ventures

Gesunde Dreiecksnattern

DIE Einhaltung der wichtigsten Grundsätze der Hygiene in der Terraristik und zur Verhütung von Erkrankungen bei Schlange und Terrarianer ist eine wichtige und vielseitige Aufgabe. Nur durch konsequente sanitäre Maßnahmen können eine langjährige Haltung und Vermehrung der Tiere erreicht werden. Vielfach bereiten bereits Haltungsbedingungen, die nicht den natürlichen Umweltansprüchen genügen, ernste Probleme. Dazu gehören aber nicht nur die richtigen Klimabedingungen. Ein überbesetztes Terrarium, fehlende Versteckplätze, häufige Störungen, unnötiges Hantieren mit den Schlangen etc. lösen ungesunden Stress aus, der zur Beeinträchtigung des Immunsystems der Tiere führt. Dabei können selbst die überall vorhandenen Mikroor-

Sinaloa-Dreiecksnatter (*Lampropeltis triangulum sinaloae*) Foto: D. Schmidt

ganismen überhand nehmen und zu fatalen Erkrankungen führen. Krank machende Erreger kommen in einem gesunden Tierbestand von außen durch Neuzugänge oder indirekte Übertragungen durch den Terrarianer sowie die in mehreren Terrarien benutzten Geräte (Futterzange, Pinzette, Kotschaufel usw.). Es sei an die Quarantäne jedes Neuzugangs und die täglichen hygienischen Maßnahmen mit Beseitigung von Exkrementen, Häutungsresten, nicht gefressenen oder gar wieder ausgewürgten Futtertieren sowie die Bereitstellung von sauberem Wasser erinnert. Dass mit chemisch unbelasteten Naturmaterialien wie Bodengrund, Ästen, Wurzeln Moos, Steinen usw. auch Krankheitserreger für unsere Schlangen eingeschleppt würden, ist praktisch nicht gegeben. Und ein paar mitgebrachte Ameisen dürften den Tierfreund wohl nicht erschüttern.

Trotz der gewissenhaften Sauberhaltung eines Terrariums ist seine gelegentliche Generalreinigung – mindestens einmal im Jahr – angesagt. Sie bedeutet immer Stress für seine Bewohner. Während Wassergefäß, Steine und Kunststoffpflanzen mit heißem Wasser gescheuert und anschließend desinfiziert werden können, sollten alle ersetzbaren Einrichtungsgegenstände wie Bodengrund, Äste, Wurzeln oder lebende Pflanzen erneuert werden. Bei der Generalreinigung des Terrariums dürfen die Rück- und Seitenwände nicht vergessen werden. Die vorschriftsmäßige Anwendung von Desinfektionsmitteln wie Wofasteril,

DER PRAXISTIPP

Eingeschleppte Schlangenmilben vermehren sich rasch und können durch ihr Saugen Infektionen verursachen sowie bei Jungschlangen durch Blutentzug sogar lebensbedrohend werden. Die Parasiten sind als kleine, oft rote Punkte besonders zwischen den Schuppen der Schlange und durch ihren weißlichen Kot auf der Haut zu erkennen. Ihre Bekämpfung kann mit einem Stück Insektenstrip mit dem Wirkstoff Dichlorvos erfolgen. Als Dosierung werden beispielsweise etwa 2 cm Baygon-Insektenstrip je m^3 Terrarium empfohlen. Die Schlangen dürfen nicht mit dem Insektenstrip in Berührung kommen und sollten in den ersten Stunden nach dem Einsatz wegen möglicher Vergiftungsgefahr auf ungewöhnliches Verhalten hin beobachtet werden. Während der Behandlung ist die Aufnahme von Futter und Wasser zu unterbinden. In jüngster Zeit werden auch speziell für den Einsatz bei Reptilien hergestellte Insektenstrips angeboten.

WUSSTEN SIE SCHON?
Eine ständig zu feuchte Haltung und mangelnde Hygiene können bei den Nattern zu Bläschen mit zunächst klarer, später trüber Flüssigkeit, käsigen oder nekrotischen Veränderungen und Krusten auf dem Rücken führen, der Bläschenkrankheit (so genannte „Pocken"). Gegenmaßnahmen sind trockene Haltung, ein „Sonnenplatz" und Behandlungen durch den mit Reptilien erfahrenen Tierarzt.

Lysoval, Betaisodona oder Hypochlorid erfordert auch deren restlose Beseitigung durch anschließendes gründliches Spülen mit sauberem Wasser.
Unbedingt sollte der Terrarianer zudem auf persönliche Hygiene achten, auch wenn – von Salmonellen einmal abgesehen – Schlangen kaum den Menschen krank machende Erreger ausscheiden. Nach jedem Kontakt mit dem Terrarium, mit den Schlangen und ihren Futtertieren sind die Hände gründlich zu waschen und möglichst auch zu desinfizieren. Geeignete Handdesinfektionsmittel gibt es in der Apotheke. Nicht zu vernachläs-

Vermehrung von Dreiecksnattern im Terrarium

FÜR die meisten Terrarianer ist eine erfolgreiche Vermehrung ihrer Tiere das erstrebenswerte Ziel ihrer Bemühungen. Die faszinierenden Verhaltensweisen der Nattern bei der Paarung, während der Eiablage und schließlich bei Schlupf und Aufzucht der Jungschlangen entschädigen für die Mühen und Aufwendungen. Mit der Vermehrung von Dreiecksnattern und dem Verkauf der Nachzucht viel Geld verdienen zu wollen, wird sich aber schnell als Wunschtraum herausstellen, wenn man allein die Kosten für Terrarientechnik, verbrauchte Energie und vor allem die benötigten Futtertiere gegenrechnet. Aber wohl jedes Hobby kostet nicht nur Mühe, sondern auch Geld.
Wenn der Terrarianer nach zwei- bis dreijähriger Aufzucht junger Dreiecksnattern geschlechtsreife Exemplare besitzt oder gar das Glück hatte, ältere Tiere zu erwerben, erhebt sich die Frage

sigen ist auch die regelmäßige Reinigung und Desinfektion aller verwendeten Gerätschaften.

Ungeachtet aller vorbeugenden Maßnahmen kann natürlich nie restlos ausgeschlossen werden, dass eine Dreiecksnatter doch einmal erkrankt und behandelt werden muss. Veränderungen im Verhalten oder äußerlich erkennbare Defekte geben oft erste Anhaltspunkte für eine Erkrankung. Ein erfahrener Terrarianer oder ein gutes Fachbuch können erste nähere Hinweise vermitteln. Nur sollte vor allem der Anfänger nicht mit dem Tier „herumdoktern" und damit unnötig Zeit verlieren oder dem Patienten sogar direkt schaden. Nur der Reptilienarzt wird eine sichere Diagnose treffen und die richtige Behandlung einleiten können. Das sollten uns unsere Schlange schon wert sein.

DER PRAXISTIPP

Um im Fall der Erkrankung einer Schlange vorbereitet zu sein, sollten Sie sich unbedingt rechtzeitig über einen Tierarzt in Ihrer Nähe informieren, der auch über die für die Behandlung von Schlangen erforderlichen Spezialkenntnisse verfügt. Bei einem Terraristik-Verein, einem kompetenten Zoohändler oder im Internet unter www.dght.de erhalten Sie die gewünschten Adressen.

nach dem Geschlecht der Tiere. Die Geschlechtsdiagnose bei Dreiecksnattern durch Erkennung der Männchen an ihrem dickeren Schwanzansatz, ihrem allerdings mitunter nur geringfügig relativ längeren Schwanz und insbesondere mit Hilfe der Sondenmethode unterscheidet sich nicht von der bei anderen Nattern. Das Herausdrücken der

Honduras-Dreiecksnatter (*Lampropeltis triangulum hondurensis*) bei der Paarung
Foto: B. Love/Blue Chameleon Ventures

WUSSTEN SIE SCHON?

Da bei Schlangen das geteilte männliche Geschlechtsorgan (Hemipenes, Einzahl: Hemipenis) im Ruhezustand schwanzwärts wie ein Schlauch eingezogen ist, kann der geübte Terrarianer mit einer geeigneten Knopfsonde von der Kloake aus relativ weit in einen der Hemipenes eindringen und so beim Männchen die Geschlechtszugehörigkeit diagnostizieren. Das minimale Eindringen der Sonde in eine der Hemiklitores des Weibchens muss berücksichtigt werden, um Irrtümer zu vermeiden. Das Sondieren von Jungschlangen ist sehr problematisch und sollte unterlassen werden.

Hemipenes zum Erkennen des Geschlechts bei Jungschlangen möchte ich nicht empfehlen.

Bald nach Beendigung der Winterruhe, oft schon vor der ersten Futteraufnahme, können wir erste Annäherungsversuche des geschlechtsreifen Männchens beobachten. Sexuallockstoffe des Weibchens – besonders nach der ersten Häutung im Frühjahr – stimulieren die männliche Dreiecksnatter. Mit zuckenden Bewegungen kriecht das sexuell erregte Männchen über den Rücken seiner Partnerin und versucht diese auch durch gelegentliche, harmlose Paarungsbisse vor allem in die Halsregion seinerseits zu entflammen. Schließlich werden beider Kloaken aufeinander gepresst, und das Männchen führt einen eregierten Hemipenis in die Kloake des Weibchens ein. Meist werden die Paarungen wiederholt, wobei auch ein Wechsel der Hemipenes vorgenommen wird. Während der Annäherungsversuche des Männchens und vor allem bei der bis zu einer halben Stunde und länger dauernden Paarung sollten wir die Tiere nicht stören. Ob eine Paarung erfolgreich war, kann erst nach dem Absetzen befruchteter Eier festgestellt werden. Deshalb ist es schwierig, die genaue Dauer der Trächtigkeit eines Schlangenweibchens festzulegen, zumal sie auch von der Umgebungstemperatur beeinflusst wird. Etwa zwei Monate nach der Paarung ist aber mit dem Absetzen des Geleges zu rechnen. Die Anzahl der rein weißen, von einer derb-elastischen Schale umgebenen Eier variiert nach Alter, Größe und auch der Unterart des Muttertieres der Dreiecksnattern von meist 3–16, mit einem Mittel von etwa zehn Stück. Insbesondere unter Terrarienbedingungen ist ein zweites Gelege im Jahr möglich.

DER PRAXISTIPP

Dreiecksnattern werden unter optimalen Terrarienbedingungen im Alter von 2-3 Jahren geschlechtsreif, sollten aber erst bei einer ausreichenden Körperentwicklung (Körpermasse und Körperlänge) zur Vermehrung herangezogen werden. Eine zu frühe Trächtigkeit des Weibchens hat nicht nur eine geringere Gelegegröße mit einem höheren Anteil unbefruchteter Eier zur Folge, sondern beeinträchtigt auch die weitere Körperentwicklung und die spätere Fortpflanzungsbereitschaft negativ.

Diese Puebla-Dreiecksnatter (*Lampropeltis triangulum campbelli*) hat ihr Gelege an einem sehr ungünstigen Ort abgelegt. Foto: D. Schmidt

Nach der Ablage sind die Eier – ohne sie um die horizontale Achse zu drehen und ohne miteinander verklebte Eier zu trennen – in einen **Brutbehälter** (Inkubator) zu überführen, um sie unter kontrollierten Bedingungen zu zeitigen. Die Konstruktion eines Inkubators kann sehr unterschiedlich sein. Man kann solche Geräte selbst bauen (Anleitungen in der Grundlagen-Literatur) oder fertig im Handel erwerben. Nur müssen der richtige Temperaturbereich, die optimale Feuchtigkeit und eine ausreichende Belüftung des Geleges garantiert werden können. Als Substrat zur Einbettung der Eier sind unterschiedliche Materialien (Schaumstoffschnitzel, Vermiculit, Blähton, Sand, Lavaerde, Moos etc.) geeignet, die ein ausreichendes Flüssigkeitshaltevermögen und geringe Eignung als Brutstätte für Mikroorganismen und Pilze aufweisen müs-

DER PRAXISTIPP

Um dem Schlangenweibchen das Absetzen seines Geleges zu erleichtern, muss rechtzeitig für eine geeignete Eiablagestelle gesorgt werden. Beste Erfahrungen habe ich mit einem Tontopf gemacht, der zur Hälfte mit feuchtem, nicht nassem Torfmull gefüllt und mit lockerem Moos abgedeckt wird. Ist das Gelege zur Ablage reif, verkriecht sich das trächtige Weibchen in dem Gefäß und kann dort ungestört seine Eier ablegen. Fehlt eine geeignete Eiablagestelle, können die Eier verstreut im Terrarium – oft im Wasserbecken – abgesetzt werden, wo sie verderben. Das Zurückhalten des Geleges (Legenot) kann zwar vom Reptilienarzt chirurgisch behandelt werden, führt oft jedoch zum Tode des Muttertieres.

Hier setzt eine Dreiecksnatter das Gelege auf feuchtem Moos ab.
Foto: B. Love/Blue Chameleon Ventures

sen. Die Bruttemperatur für Eier der Dreiecksnatter kann konstant bei 25–28 °C liegen; eine Nachtabsenkung auf etwa 20–24 °C entspricht jedoch mehr den natürlichen Temperaturschwankungen. Sie verlängert zwar die sonst bei 60–70 Tagen liegende Inkubationszeit um einige Tage, bringt aber kräftigere und vitalere Jungtiere. Die relative Luftfeuchtigkeit im Inkubator liegt bei über 90 %. Gelegentlich auf die Eier fallende Kondenswassertropfen schaden nicht. Zur Belüftung des Brutraumes genügt das Öffnen des Inkubators alle 3–5 Tage bei der Kontrolle des Geleges.

Der **Schlupf** der jungen Dreiecksnattern kündigt sich meist durch das Einfallen der zuvor straffen Eier wegen Wasserverlustes an. Schließlich zeigen die ersten Eier längliche Einschnitte, die die zum Schlupf bereiten Jungschlangen mit Hilfe eines Eizahnes an der

WUSSTEN SIE SCHON?

Die Temperatur während der Zeitigung der Eier prägt bei etlichen Echsenarten, bei vielen Schildkröten und Panzerechsen das Geschlecht des Keimlings. Bei Schlangen dagegen liegt das Geschlecht bereits mit dem Ei vor dessen Befruchtung fest: Schlangen haben Geschlechtschromosomen, die im weiblichen Geschlecht unterschiedlich sind.

Schnauzenspitze in der Eischale anbringen. Der Schlupf einer jungen Dreiecksnatter dauert 1–2 Tage. Gewöhnlich haben nach 3–4 Tagen alle Jungtiere eines Geleges ihre Eischalen verlassen. Junge Dreiecksnattern sind bereits jetzt ein Ebenbild ihrer Eltern. Individuelle Zeichnungsunterschiede ändern sich zeitlebens nicht und können – dokumentiert mit einem Foto oder einer einfachen Skizze – zur späteren Identifikation der Nattern dienen. Nach dem Schlupf sind Dreiecksnattern je nach Unterart und Eigröße etwa 12 bis über 25 cm lang.

Verklumptes Gelege einer Honduras-Dreiecksnatter (*Lampropeltis triangulum hondurensis*) mit einem verdorbenen Ei
Foto: D. Schmidt

Mit der **Aufzucht** der frisch geschlüpften Dreiecksnattern beginnt für den Terrarianer eine mühevolle, aber auch interessante Zeit. Nach der ersten Häutung, die wenige Tage nach dem Schlupf erfolgt, ist den Jungschlangen erstes Futter anzubieten. Da wir ihnen ihr natürliches Erstfutter, nämlich bestenfalls frisch geschlüpfte Echsen, nicht bieten können, verweigern leider manche Exemplare die ihnen angebotenen, möglichst auch lebenden nestjungen Mäuse. Auch wirbel-

Das verschimmelte Ei hatte keinen negativen Einfluss auf das Schlupfergebnis der übrigen Eier.
Foto: D. Schmidt.

Honduras-Dreiecksnattern (*Lampropeltis triangulum hondurensis*) unmittelbar nach dem Schlupf Foto: D. Schmidt

lose Beute wird gewöhnlich nicht akzeptiert. Die gemeinsame Aufzucht der jungen Dreiecksnattern in einem kleinen Terrarium bei anfangs etwas erhöhter Luftfeuchtigkeit (80 %) und Temperatur (28 °C) ist möglich. Eine bessere Kontrolle ist jedoch bei Einzelhaltung gegeben. Zudem akzeptieren erfahrungsgemäß die Jungschlangen in einem Kleinstterrarium bereitwilliger die ersten nestjungen Mäuse.

In den ersten Tagen nach dem Schlupf ernährt sich eine junge Schlange noch von den Resten des eingezogenen Eidotters. Wird aber nach mehreren Wochen noch immer kein Futter angenommen und sind alle Versuche mit wirbelloser Beute gescheitert, ist an eine **Zwangsernährung** zu denken. Da junge Dreiecksnattern selbst beim Reizen mit einer vorgehaltenen Maus nur selten das Maul freiwillig öffnen und bei besonders kleinen Jungschlangen eine nur wenige Tage alte Maus bereits zu groß sein kann, emp-

WUSSTEN SIE SCHON?
Fehlende Witterungsunbilden und Fressfeinde, rechtzeitig behandelte Erkrankungen und ein optimales Futterangebot lassen Dreiecksnattern im Terrarium wesentlich älter werden als in der Natur. Unter Terrarienbedingungen können sie mehr als 20 Jahre alt werden.

fiehlt sich zur Zwangsfütterung der Gebrauch einer so genannten „Pinky Pump“. In diese spezielle „Futterspritze“ werden abgetötete und bereits etwas zerteilte Mäusebabys gefüllt. Über eine Lochplatte erfolgt die endgültige Zerkleinerung, und der über eine Knopfkanüle austretende Futterbrei wird direkt in den Schlund der Jungschlange gedrückt. Nach mehreren Zwangsfütterungen fressen die meisten der Problemtiere gewöhnlich freiwillig und holen Rückstände in der Körperentwicklung gegenüber den von Anfang an selbstständig fressenden Geschwistern bald auf. Sich gut entwickelnde Jungtiere können bereits im ersten Winter eine mehrwöchige Winterruhe absolvieren. Ich selbst verzichte jedoch bei der Aufzucht meiner jungen Dreiecksnattern im ersten Winter darauf; die Jungschlangen sind im nächsten Frühjahr bereits kräftiger und fressen alle selbstständig behaarte Jungmäuse.

Normalfarbenes Jungtier der Honduras-Dreiecksnatter Foto: D. Schmidt

Hypomelanistischer Schlüpfling der Honduras-Dreiecksnatter
Foto: B. Love/Blue Chameleon Ventures

Farbzüchtungen bei Dreiecksnattern

SELBST „konservative" Schlangenpfleger, zu denen ich mich auch zähle, kommen an dem immer deutlicher werdenden Trend zur Farb- und Zeichnungszüchtung bei verschiedenen Reptilienarten nicht vorbei. Schlangenarten, die sich ohne größere Probleme und in beträchtlicher Stückzahl im Terrarium vermehren, werden immer öfter züchterisch bearbeitet. Auch bei einigen Unterarten der Dreiecksnattern wird versucht, gewöhnlich ohne erkennbare Ursache sporadisch auftretende Gendefekte mit Abweichungen von der normalen Zeichnung, vor allem aber der Färbung, zu erhalten und in größerer Anzahl zu produzieren. Meist sind derartige Mutationen bereits in der Natur aufgetreten, wo sie oft kaum Überlebenschancen haben. Inzwischen wird selbst vor Unterart- und sogar Gattungskreuzungen nicht Halt gemacht. Da nicht selten die auftretenden Farb- und Zeichnungsveränderungen mit anderen Problemen wie verminderter Vitalität, gestörtem Beuteerwerb, Fortpflanzungsdepressionen etc. verbunden sind und zudem die

Honduras-Dreiecksnatter – „Mandarinen-Variante" Foto: B. Love/Blue Chameleon Venture

Honduras-Dreiecksnatter – „Mandarinen-Variante" („Tangerine Phase")
Foto: B. Love/Blue Chameleon Ventures

attraktiven Wildfärbungen verloren gehen, wird deutlich, dass neben dem Anstreben von Renommee auch die recht ansehnlichen finanziellen Gewinne beim Verkauf dieser Fehlbildungen eine wichtige Rolle spielen. Viele der „Züchter" beachten selbst die simpelsten Regeln der Vererbungslehre nur ungenügend. Zahllose Varianten sind mischerbig, d. h., unter ihren Nachkommen treten neben scheinbar normalfarbenen Exemplaren unkontrollierte Abweichungen auf.

Wie bei einigen anderen Nattern sind Farbmutationen bei Dreiecksnattern inzwischen immer häufiger in europäischen Terrarien anzutreffen. Zeichnungsmutationen sind jedoch rarer. Reine Albinos, also Tiere, denen alle Farbstoffe in Haut und Iris fehlen, sind mir bei Dreiecksnattern nicht bekannt. Von der Nominatform *L. t. triangulum* gibt es jedoch Exemplare, die auf weißem Untergrund lediglich orangegelbe Flecke aufweisen. In diese Farbkategorie gehören auch die blassrot/weiß/gelblich geringel-

Amelanistisches Exemplar einer „Tangerine"-Honduras-Dreiecksnatter Foto: D. Schmidt

ten Honduras-Dreiecksnattern. Das Fehlen schwarzen Pigments (Amelanismus) bei der Scharlachroten Dreiecksnatter (*L. t. elapsoides*) führte zu Mutationen, die rot-rosa-gelblich geringelt sind. Ähnliche Exemplare sind von Nelsons Dreiecksnatter (*L. t. nelsoni*) bekannt. Als axanthisch werden in der Fachliteratur Honduras-Dreiecksnattern bezeichnet, denen die Farbe Gelb fehlt, wobei aber auch Rot vermindert (= anerythristisch) sein kann. Ein Gegenteil von Albinismus im Aussehen ist Melanismus: eine Vermehrung der dunklen Pigmente. Diese Abweichung kommt relativ häufig bei Honduras-Dreiecksnattern vor und kann sogar dazu führen, dass wie bei der Schwarzen Dreiecksnatter (*L. t. gaigeae*) solche Exemplare nur schwer zu identifizieren sind. Ist das schwarze Pigment vermindert vorhanden (Hypomelanismus), sind bei Honduras-Dreiecksnattern die schwarzen Bänder zwar noch existent, die roten und gelb/orangefarbenen Farbanteile werden jedoch leuchtender.

„Albino" der Honduras-Dreiecksnatter (*Lampropeltis triangulum hondurensis*) Foto: D. Schmidt

Amelanistische Nelsons Dreiecksnatter (*Lampropeltis triangulum nelsoni*) Foto: D. Schmidt

Bei Honduras-Dreiecksnattern führen das Fehlen gelber oder weißer Farbanteile und deren Ersatz durch Rot zu einer Variante, die von Terrarianern „Tangerine" (= Mandarine) genannt wird. Selten können dabei zusätzlich die schwarzen Bänder reduziert sein, sodass ein solches Tier fast einfarbig orangerot ist. Ähnliche Abweichungen bei der Pueblo-Dreiecksnatter (*L. t. campbelli*) werden als „Apricot" bezeichnet. Fehlbildungen in der Zeichnung sind bei der Östlichen Dreiecksnatter (*L. t. triangulum*) bekannt.

Puebla-Dreiecksnatter (*Lampropeltis triangulum campbelli*) – „Apricot"-Variante Foto: B. Love/Blue Chameleon Ventures (mit Dank an D. Blody)

„Albino" der Nominatform *Lampropeltis triangulum triangulum* Foto: B. Love/Blue Chameleon Ventures

Rücken Gruppen dunkler Schuppen auf und sind eigentlich recht unansehnlich. Anders bei Pueblo-Dreiecksnattern (*L. t. campbelli*): Die Breite ihrer weißen und schwarzen Ringe kann stark variieren.

Wie auch immer: Farb- und Zeichnungsvarianten bei Reptilien sind sicher Ansichtssache. Derartige Zuchtziele sind jedoch unbedingt abzulehnen, wenn mit ihnen Defekte verbunden sind,

Die fast einfarbig schmutzig gelben Nattern weisen auf dem

Ungewöhnlich gefärbtes Jungtier der Scharlachroten Dreiecksnatter (*Lampropeltis triangulum elapsoides*) Foto: B. Love/Blue Chameleon Ventures

Diese skurril gefärbte mandarinfarbene Honduras-Dreiecksnatter wird als „Halloween-Variante" bezeichnet. Foto: B. Love/Blue Chameleon Ventures (mit Dank an Gulf Coast Reptiles)

die die normale Lebensweise des Tieres negativ beeinflussen und die deshalb landläufig als „Qualzuchten" bezeichnet werden. Terrarianer sollten immer so viel Verantwortung besitzen, dass alle von ihnen gepflegten Arten, Unterarten und möglichst sogar Populationen auch in ihrem natürlichen Erscheinungsbild reinerbig erhalten werden – insbesondere auch deshalb, weil sie in nicht zu ferner Zukunft möglicherweise in der Natur ausgerottet sein könnten.

Gattungsbastard einer Puebla-Dreiecksnatter (*Lampropeltis triangulum campbelli*) mit einer Kornnatter (*Pantherophis guttatus*) Foto: B. Love/Blue Chameleon Ventures (mit Dank an M. Bell)

Weitere Informationen

ZUR Vertiefung der in diesem Buch gegebenen Informationen und zum tieferen Einblick in terraristische und herpetologische Themenbereiche empfehlen sich die Mitgliedschaft in einem Verein gleich gesinnter Terrarianer sowie ein intensives Literaturstudium. Die folgenden Auflistungen sollen dabei behilflich sein, einen Einstieg in die Thematik zu finden, können aber natürlich nur einen kleinen Ausschnitt aufzeigen.

Vereine und Interessengruppen

Die Deutsche Gesellschaft für Herpetologie und Terrarienkunde (DGHT; www.dght.de; DGHT e.V., Postfach 1421, 53351 Rheinbach, Tel.: 02225-703333, E-Mail: gs@dght.de) ist die weltweit größte Gesellschaft ihrer Art und bringt Wissenschaftler und Hobbyherpetologen zusammen. Mitglieder erhalten verschiedene herpetologisch/terraristische DGHT-Zeitschriften.

Innerhalb der DGHT existiert die „AG Schlangen“ als Zusammenschluss interessierter Schlangenpfleger. Die AG beschäftigt sich intensiv mit dieser vielseitigen Reptiliengruppe (Biologie, Vorkommen, Terrarienhaltung). Jährlich findet die traditionelle Tagung der AG statt. Kontakt: Bernd Skubowius, Mülhauser Str. 49, 44627 Herne, E-Mail: ophidia@pinesnake.de

Untersuchungsstellen

Kotproben, Sektionen und andere Untersuchungen können von spezialisierten Tierärzten oder von veterinärmedizinischen Untersuchungsstellen, die es in vielen Städten gibt, vorgenommen werden. Eine Liste mit reptilienkundigen Tierärzten kann über die DGHT bezogen werden (oder im Internet unter www.dght.de). Überregional bekannt für Untersuchungen sind folgende Einrichtungen:

- Exomed, Am Tierpark 64, 10319 Berlin
- Universität München, Institut für Zoologie, Fischereibiologie und Fischkrankheiten der tierärztlichen Fakultät, Kaulbachstr. 37, 80539 München
- Justus-von-Liebig-Universität Gießen, Institut für Geflügelkrankheiten, Frankfurter Str. 87, 35392 Gießen
- GEVO Diagnostik, Jakobstr. 65, 70794 Filderstadt

Zeitschriften

- Reptilia, Terraria
Terraristik-Fachmagazin, erscheinen je sechs Mal jährlich
Natur und Tier - Verlag GmbH
An der Kleimannbrücke 39/41
48157 Münster;
Tel.: 0251-13339-0
E-Mail: verlag@ms-verlag.de
www.ms-verlag.de

- DRACO
Terraristik-Themenheft
erscheint vier Mal jährlich
Natur und Tier - Verlag GmbH, s. o.

- „elaphe" Neue Folge.
Mitgliederzeitschrift der Deutschen Gesellschaft für Herpetologie und Terrarienkunde e.V., erscheint vierteljährlich
DGHT e. V.
Postfach 1421,
53351 Rheinbach,
Tel.: 02225-703333
E-Mail: gs@dght.de
www.dght.de

- Sauria
Terraristik und Herpetologie, erscheint vier Mal jährlich
Terrariengemeinschaft Berlin e. V., Bruno Treu
Christstr. 10, 14059 Berlin
www.sauria.de
E-Mail: abo@sauria.de

- DATZ
Die Aquarien- und Terrarien-Zeitschrift,
erscheint monatlich
Verlag Eugen Ulmer, Wollgrasweg 41, 70599 Stuttgart
Fax: 0711-4507120
www.datz.de

Lampropeltis triangulum sinaloae Foto: D. Schmidt

Weiterführende und verwendete Literatur

Bücher:

BAUCHOT, R. (HRSG.) (1994): Schlangen. – Weltbild Verlag, Augsburg, 240 S.

GABRISCH, K. & P. ZWART (2005): Krankheiten der Heimtiere. – Schlütersche Verlagsgesellschaft, Hannover. 1015 S.

GREENE, H. W.; M. FODGEN & P. FODGEN (1997): Schlangen. – Birkhäuser Verlag, Basel, Boston, Berlin. 347 S.

HENKEL, F. W. & W. SCHMIDT (2003): Terrarien – Bau und Einrichtung. – Verlag Eugen Ulmer, Stuttgart. 168 S.

KÖHLER, G. (2001): Reptilien und Amphibien Mittelamerikas Band 2 Schlangen. – Herpeton, Offenbach. 174 S.

MARA, W. P. (1995): Dreiecksnattern im Terrarium. – bede-Verlag, Ruhmannsfelden. 64 S.

MARKEL, R. G. (1994): Das Große Buch der Königsnattern. – bede-Verlag, Ruhmannsfelden. 144 S.

NIETZKE, G. (2002): Die Terrarientiere 3. – Verlag Eugen Ulmer, Stuttgart. 375 S.

SAUER, K., B. STECK, H. SCHUCHART & H.-G. HORN (2004): PraxisRatgeber Vivarienbeleuchtung. – Edition Chimaira, Frankfurt / M. 287 S.

SCHMIDT, D. (2001): Atlas der Schlangen. Biologie – Arten – Terraristik. – bede-Verlag, Ruhmannsfelden. 350 S.

THISSEN, R. & H. HANSEN (1996): Königsnattern – *Lampropeltis*. Terraristik Aktuell. Heselhaus & Senkowski, Hamburg, 172 S.

TRUTNAU, L. (2002): Ungiftige Schlangen. Schlangen im Terrarium Band 1, 2. Teil. – Verlag Eugen Ulmer, Stuttgart. 430 S.

WILLIAMS, K. L. (1988): Systematics and natural history of the American milk snake, *Lampropeltis triangulum*. – Milwaukee Public Museum, Milwaukee. 258 S.

WILMS, T. (2004): Terrarieneinrichtung – Grundlagen, Materialien, Methoden. – Natur und Tier - Verlag, Münster. 127 S.

Zeitschriften:

GÈRARD, P. (2001): Die Gattung *Lampropeltis*. – REPTILIA Nr. 29, 6(3): 20–27.

SCHMIDT, D. (2001) Nattern der Gattung *Lampropeltis* im Terrarium. – Reptilia 6(3): 28–35.

SCHMIDT, D. (2004): Zur Reproduktion von Schlangen im Terrarium. Aufgaben – Fakten – Probleme. – DRACO Nr. 17: 22–36.

Eine ausführliche Zusammenstellung spezieller, meist englischsprachiger Literatur zu *Lampropeltis triangulum* siehe in der Reptiliendatenbank im Internet unter
www.reptile-database.org/
www.jcvi.org/reptiles/species.php?genus=Lampropeltis&species=triangulum